密码岛Ailand少儿编程系列教材

完整分阶课程体系　覆盖编程全科学习

一起"趣"编程（下）

图形化编程　校园版

从0到1，"编"玩"编"学

广州密码营地科技有限公司　编著

中山大學出版社
SUN YAT-SEN UNIVERSITY PRESS
·广州·

图书在版编目(CIP)数据

一起“趣”编程：图形化编程：校园版.1：上下册/广州密码营地科技有限公司编著.—广州：中山大学出版社，2021.9

(密码岛Ailand少儿编程系列教材)

ISBN 978-7-306-07318-1

Ⅰ.①一… Ⅱ.①广… Ⅲ.①程序设计—少儿读物 Ⅳ.①TP311.1-49

中国版本图书馆CIP数据核字(2021)第179344号

出 版 人：王天琪

策划编辑：曾育林

责任编辑：曾育林

封面设计：曾 斌 孔 月 李春榕 董思源 黎雨婷

责任校对：唐善军

责任技编：靳晓红

出版发行：中山大学出版社

电 话：编辑部 020-84113349,84110776,84111997,84110779,84110283

发行部 020-84111998,84111981,8411160

地 址：广州市新港西路135号

邮 编：510275 传 真：020-84036565

网 址：http://www.zsup.com.cn E-mail:zdcbs@mail.sysu.edu.cn

印 刷 者：佛山市浩文彩色印刷有限公司

规 格：787mm×1092mm 1/16 17.75印张 150千字

版次印次：2021年9月第1版 2021年9月第1次印刷

定 价：78.00元

编委会

主　　审： 唐　刚　姚华南

主　　编： 程宜华　刘海峰　欧阳佳

副 主 编： 许梦斯　吴颖扬

参编人员： 黄金燕　吕晓名　黄睦钦

谢德娣　梁　妍

序 言

随着全球进入信息化时代，国家对大数据及人工智能的极力支持，智能编程已渗透到各行各业，成为必不可少的一部分。在未来信息时代，程序技能将会成为一项基础技能。而作为少儿编程思维启蒙和以STEAM教育为理念的图形化编程，已逐渐被人们所青睐。

图形化编程作为少儿编程的启蒙，拥有无穷的魅力。它将枯燥的编程变得像搭积木一样简单好玩，让孩子从创意开始，把想法变成现实，创作属于自己的独一无二的作品。在这一过程中，孩子们带着与生俱来的好奇心和求知欲，驱使自身去探索世界、改造世界，以玩为基础，从玩乐中学习。图形化编程不仅锻炼了孩子们的思维模式和逻辑分析能力，还能增强孩子们的空间想象能力，培养他们解决问题的能力。

学习少儿编程并不旨在让每个孩子将来都要进入IT行业，成为工程师，更多的是培养孩子们的思维能力和编程基础，让他们能更全面地进入人工智能时代。比尔·盖茨说："学习编程可以锻炼你的思维，让你更好地思考，创建一种在各个领域都很有用的思维方式。"一套有条理的思维模式，无论是在学习中，还是在生活中，都能引导孩子更加高效地解决问题。基于这种目标，密码岛根据校园的课程特色及教学模式，研发推出一套将玩乐和教学结合为一体的编程启蒙系列教材《一起"趣"编程》。

密码岛《一起"趣"编程》以其精美的插画、妙趣横生的故事、详细的步骤分析和多样的案例展示，为孩子们提供更加清晰的学习思路和更加宽阔的学习视野，让孩子们尽情畅游在编程的世界，领略编程的无限魅力。

沈鸿

（沈鸿，中山大学计算机学院教授、博士生导师。曾任澳大利亚阿德莱德大学计算机科学首席教授，工学部网络与并行分布式系统研究中心主任，多个国际学术刊物编辑、副编辑；国家人才计划、科技部、教育部和基金委项目评审员。）

前 言

图形化编程就像搭积木一样，将各个独立的、零散的模块堆积起来，实现了编程过程可视化、游戏化的效果，非常适合低龄学生编程启蒙学习。随着《新一代人工智能发展规划》的实施，编程教育的地位开始突显，图形化编程将计算机编程文化推向大众面前，使得小学低年级的学生也有机会接触编程教育，大大促进了青少年发展编程思维，提升未来竞争力。

这是一套适合小学各年级的、寓教于乐的图形化编程系列教材，同时也是小学编程社团课的参考书，本书配套密码营地自主研发的Miland编辑器，相比于Scratch编程软件，Miland编辑器拥有更强大的功能，包括更具成就感的分享机制、丰富有趣的素材包等。

本教材共设计了4个阶段，从L1至L4，一个阶段对应学校一个学期，每个学期共15次课，每次课含1个学习主题，每个学习主题有1～2个知识点，如学习主题"降临密码岛"涉及的知识点是"定位"。为了吸引学生的注意以及让老师能够更好地教学，本教材创设了一个故事游戏情境。故事概要是来自神秘蓝色星球的咪玛降落在一座富饶的小岛上，这座岛叫密码岛。随后，咪玛拜访了岛上的居民，并参与了岛上的一系列活动，如"欢迎晚会""跨越火山带""勇夺智能屏"等。教师可以围绕"情境→主题→学习任务→动手实践→成果展示→评价"的任务主线开展教学活动，帮助学生掌握图形化编程的基础知识、方法与技能，提高他们的动手实践与创新能力，从小养成编程思维。

本教材每次课均提供了二维码，教师或家长可以用手机、平板电脑等设备扫码获取本课作品动态效果，通过预览效果鼓励学生积极主动完成学习任务，同时引导学生添加个性化效果，让自己的作品更有特色。每次课最后还设置了课后习题，帮助学生巩固知识、强化技能。此外，本教材插画精美、布局合理，符合低龄孩子的阅读习惯；各个学习主题故事性强、情节生动有趣，通过故事情境导入，能够激起孩子们的动手实践欲望，从而提高教学成效。

（本书所用代码素材来源于密码岛自研编辑平台，印刷效果与电子屏幕显示效果有一定差异，请勿视为印刷不清晰，请以实际电子荧屏效果为准。）

目 录

欢迎来到密码岛

第1课 赛前准备

——运动模块的运用

机器鸟带着它的客人来到了森林中，这里正准备举行障碍跑步比赛。赛道上，岛民们为了争取好的成绩都在努力练习着，他们需要找到正确通往终点的道路，同时需要快速避开阻拦的栏杆。看着汗洒赛场的岛民们，热爱运动的艾码也想与岛民们一决高下。他决定参加比赛，投入到赛前锻炼之中。

在比赛正式开始之前，请先用魔法积木帮助我进行赛前训练吧！

微信扫描二维码，预览本课作品的动态效果吧！

学习任务

想要实现本节课的项目，小岛主们需要掌握以下知识：

1.练习利用旋转积木使角色旋转；

2.巩固"在规定时间内让角色滑行到指定的位置"的使用；

3.使用侦测的方式侦测用户的行为。

按下键盘的"↑""↓""←""→"，可以控制艾码上、下、左、右移动

长障碍栏杆不断旋转

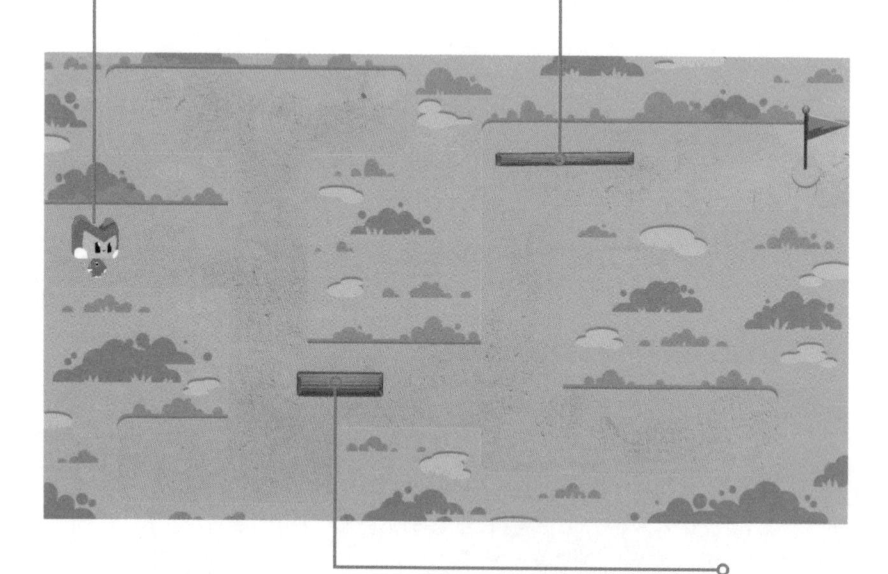

短障碍栏杆沿着赛道不断左右移动

解密玩法

小岛主，一起来尝试对项目步骤进行分析拆解吧！

1 艾码从起点处出发

2 艾码开始锻炼熟悉场地

3 障碍木板开始运作

动手实践

登录编程平台，开启你的创作之旅吧！

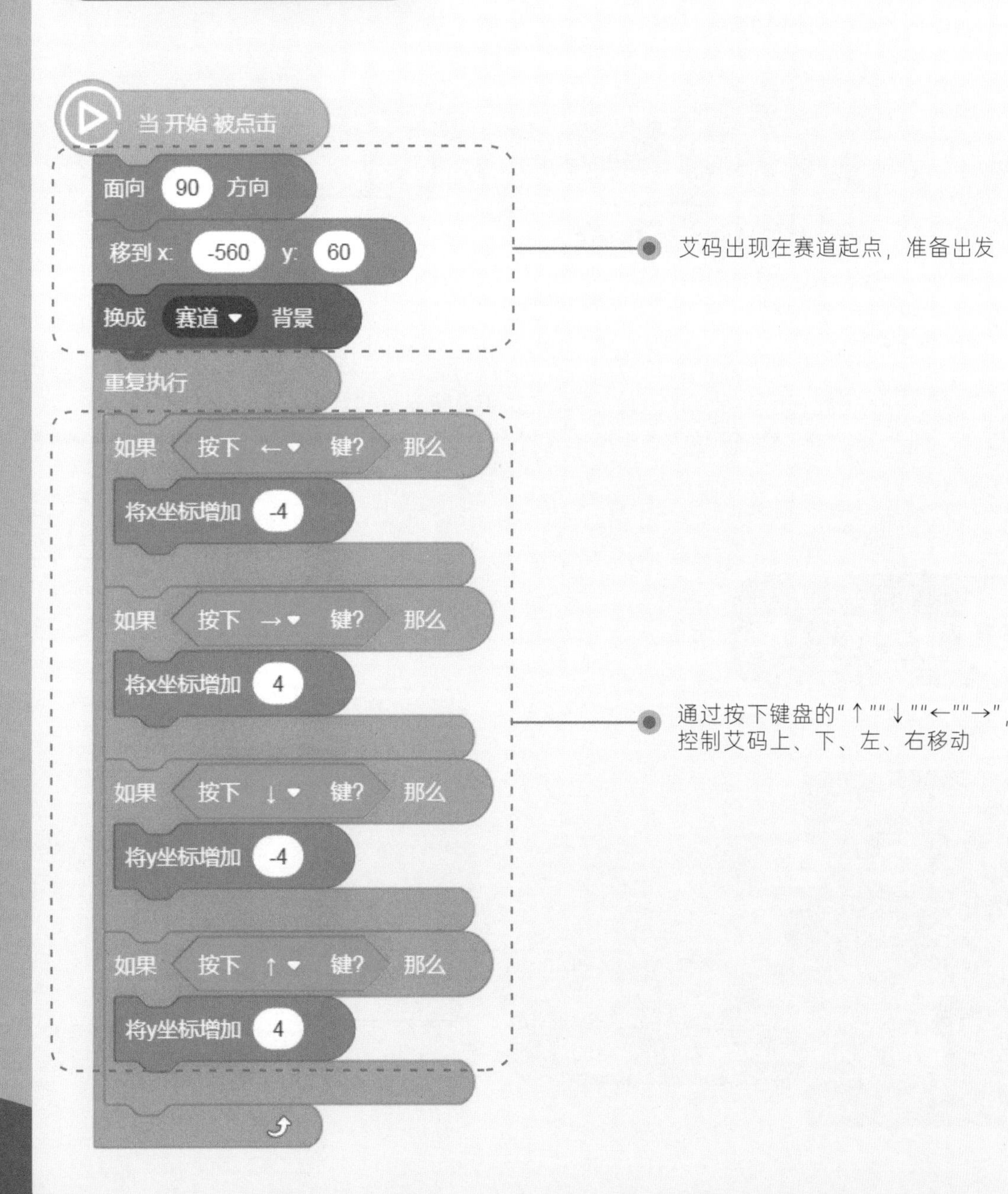

还记得我们学习过多少种控制角色移动的方法吗？它们各有什么特点？

方法一

角色移动较流畅

方法二

代码量少
但角色移动时容易产生卡顿

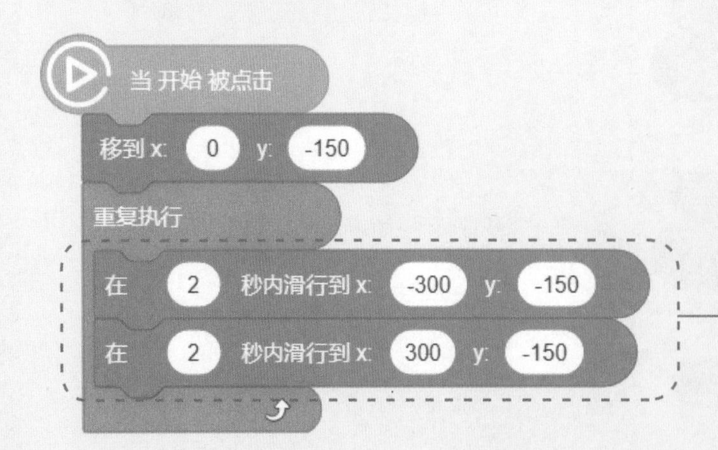

控制木板在赛道中
不断左、右移动充当障碍物

控制长栏杆在赛道中不断旋转

小岛主，你掌握上面的知识了吗？请将项目功能补充完整。

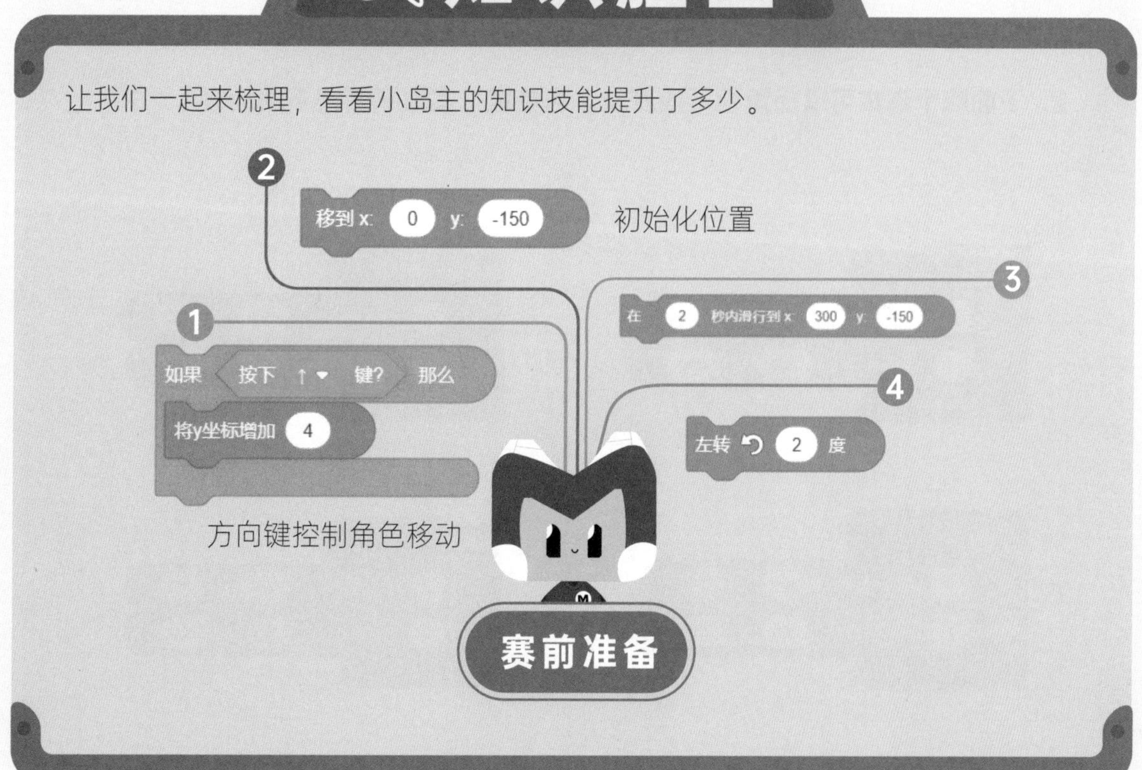

课后习题

1. 下面哪个脚本中按下"↑"可以使角色往上移动（　　）

A.

B.

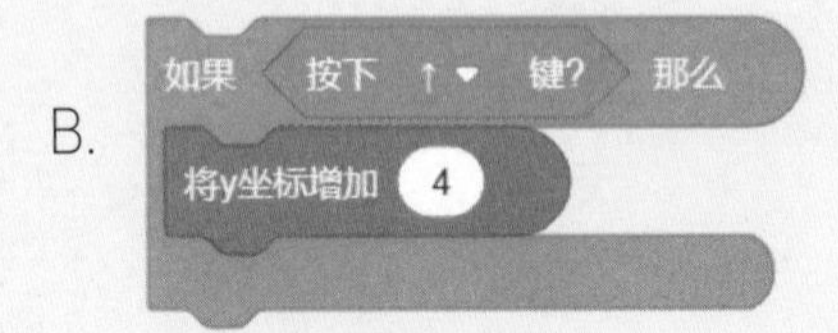

C.

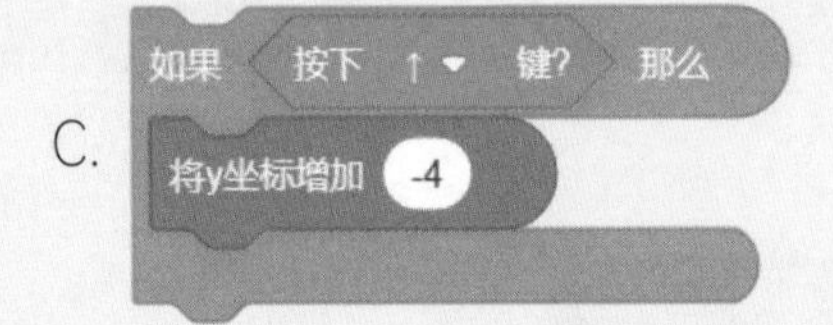

D.

如果 按下 ↑ 键? 那么
将x坐标增加 4

2. 下面哪个脚本可以使角色不改变左、右位置，实现不断上下移动（　　）

A.

B.

C.

D.

3. 编程实操：进入密码岛编程平台，登录账号完成课后训练。

准备工作：

背景：

仰望星空 - 1

角色：

流星 - 陨石 - 蓝焰

码修 - 背面 - 握手

实现功能：

1.点击“开始”后，不断有蓝色流星在夜空右上方出现，快速划过夜空；

2.码修在草地上一边散步一边欣赏流星。

第2课 赛场上的健将

——判断模块的运用

赛前做好充分准备的艾码对比赛充满了信心，当比赛正式开始时，艾码努力沿着赛道奔跑，不一会儿就到达了第一个障碍处。趁着栏杆移走的间隙，咪玛想一举通过道路却没想到栏杆很快又移回来，并且碰到了艾码。按照比赛规则，艾码不得不从头开始，这次他非常小心翼翼，安全通过了多个障碍，最终到达终点，取得了胜利。

使用魔法积木完善游戏规则，让这场比赛更加具有挑战性！

微信扫描二维码，预览本课作品的动态效果吧！

学习任务

想要实现本节课的项目，小岛主们需要掌握以下知识：

1.根据动画原理将艾码的移动方式完善得更加灵活；

2.使用条件判断侦测的方式让艾码按照比赛规则进行比赛。

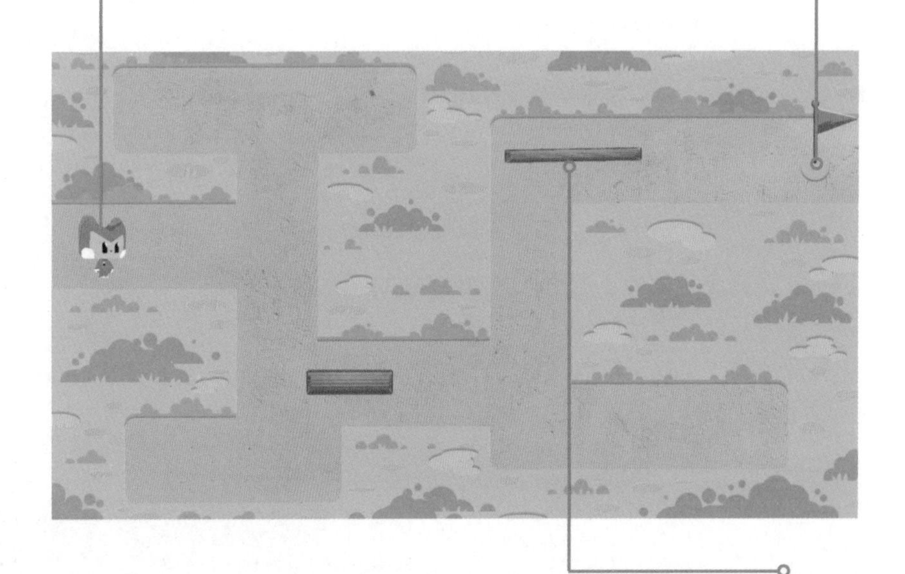

小岛主，一起来尝试对项目步骤进行分析拆解吧！

1 艾码边移动边摆手

2 艾码若碰到栏杆则重新开始

3 艾码若到达终点则胜利

动手实践

登录编程平台，开启你的创作之旅吧！

利用造型切换实现动画效果，模拟出艾码移动时踏步与摆手的动作

还记得使用动画原理让灵伊流畅动起来的时间为多少吗？
没错，是0.1～0.4秒！

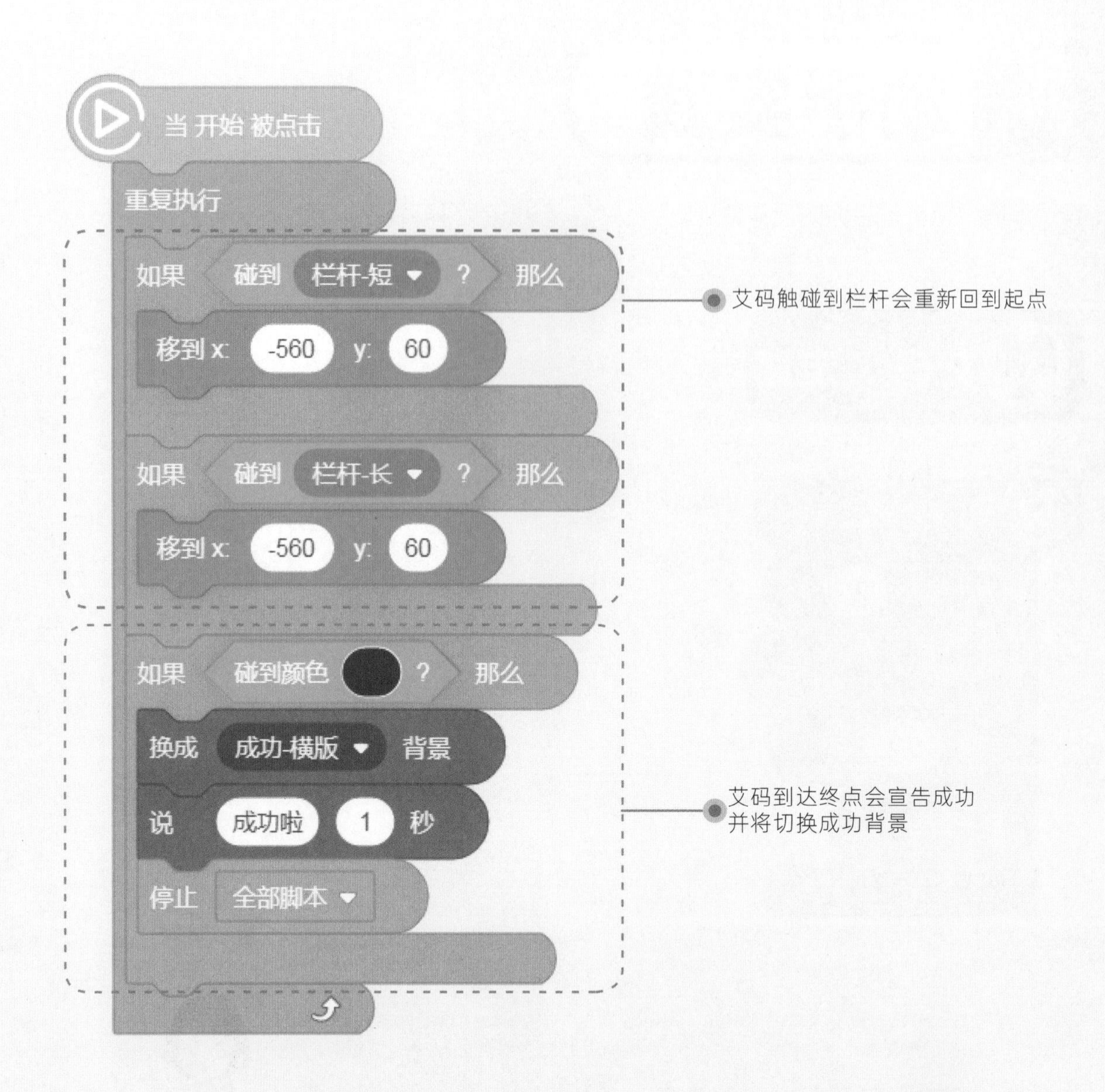
当 开始 被点击
重复执行
如果 碰到 栏杆-短 ? 那么
移到 x: -560 y: 60
如果 碰到 栏杆-长 ? 那么
移到 x: -560 y: 60
如果 碰到颜色 ? 那么
换成 成功-横版 背景
说 成功啦 1 秒
停止 全部脚本
艾码触碰到栏杆会重新回到起点
艾码到达终点会宣告成功
并将切换成功背景

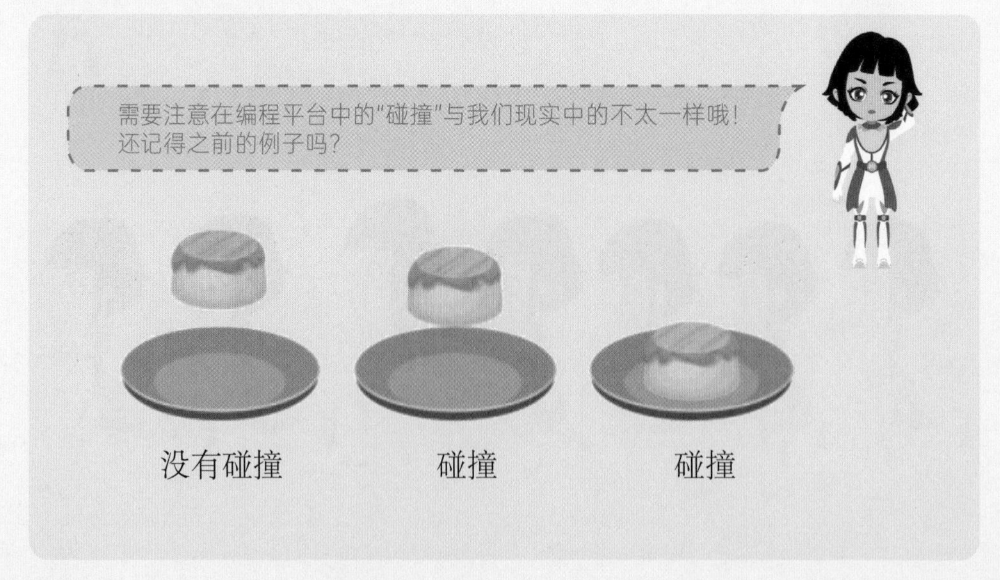
需要注意在编程平台中的"碰撞"与我们现实中的不太一样哦!
还记得之前的例子吗?
没有碰撞
碰撞
碰撞

小岛主，你掌握上面的知识了吗？请将项目功能补充完整。

知识脑图

让我们一起来梳理，看看小岛主的知识技能提升了多少。

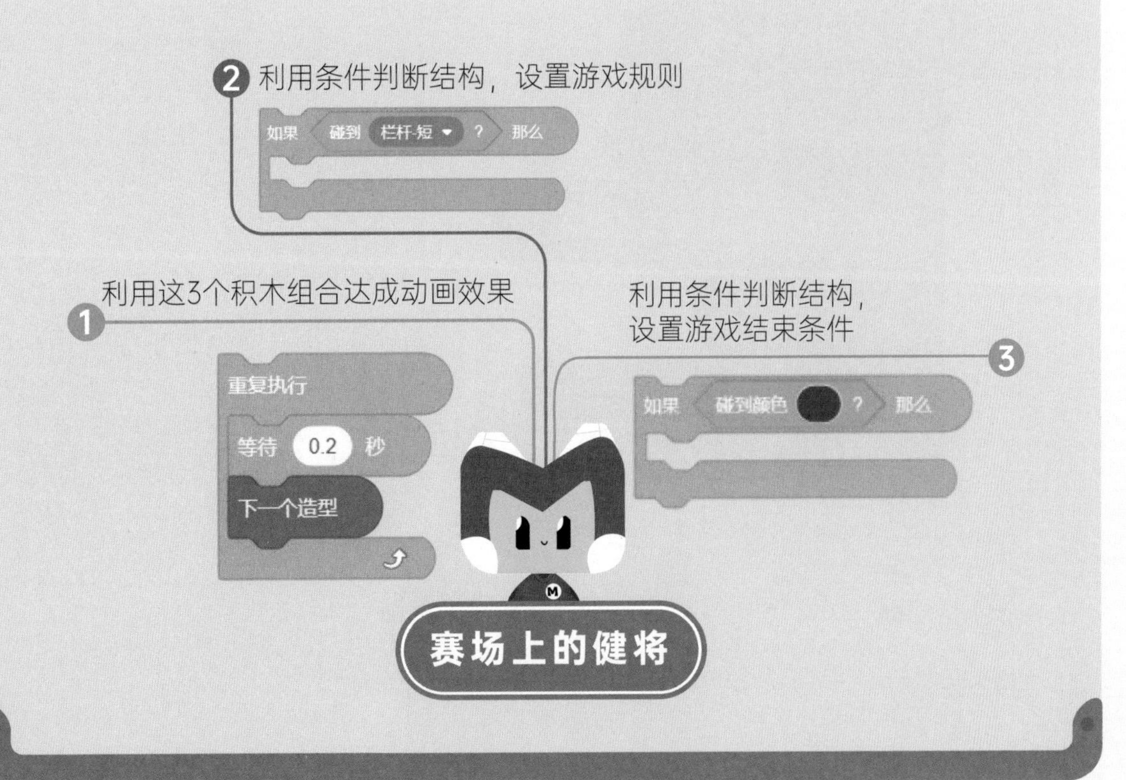

1. 通过切换动作分解图达到动画效果时，切换时间为多少时效果最佳（　　）

A.0.34秒　　B.1秒　　C.10秒　　D.1.4秒

2. 给角色添加如图脚本。点击"开始"后，需要按下哪个按键角色才会切换造型（　　）

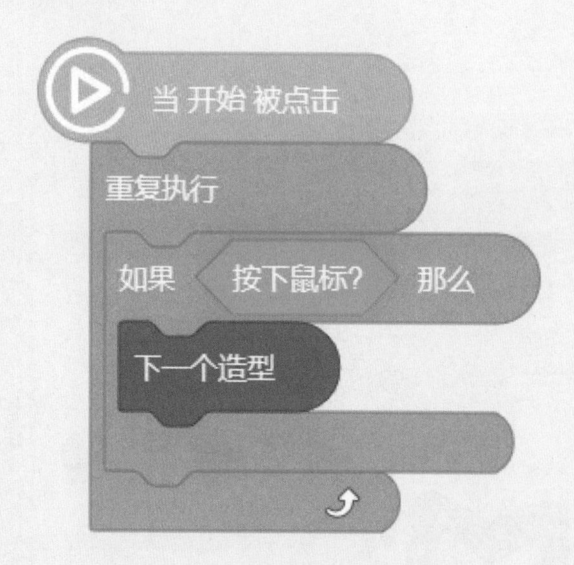

A.按下空格键　　B.按下鼠标

C.按下"S"键　　D.以上都不对

3. 编程实操：进入密码岛编程平台，登录账号完成课后训练。

准备工作：

背景：

训练场

失败

角色：

蝗虫

艾码 - 走路

实现功能：

1.点击“开始”后，背景初始化为“训练场”，玩家控制艾码在空地上移动行走；

2.蝗虫在舞台中不断随意飞行；

3.当蝗虫触碰到艾码时切换失败背景。

第3课 紧急救援

——外观模块的运用

在与机器人相处了一段欢乐时光之后，咪玛和他的朋友们准备启程回家。就在这时，他们听到了一阵喧闹的声音，而不远处，浓烟四起。码修见状，立即报了火警。不久，一辆辆消防车抵达现场，消防队员们纷纷拿出消防管，拿水枪、接水带、拧阀门、对准起火点，一气呵成……

请使用魔法积木控制水枪帮助消防员们扑灭火灾吧！

微信扫描二维码，预览本课作品的动态效果吧！

学习任务

想要实现本节课的项目，小岛主们需要掌握以下知识：

1.使用条件判断的积木合理控制火焰的大小变化；

2.学会调试水枪的外观特效，找到最合适的效果。

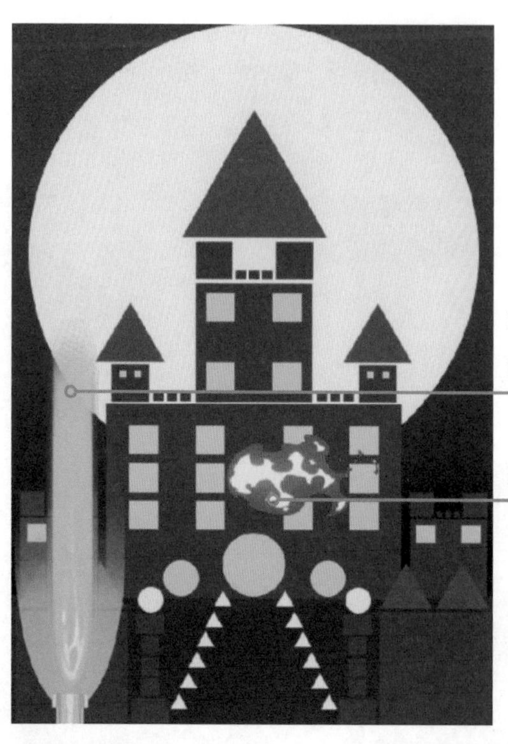

水枪随鼠标移动，并通过鱼眼特效模拟出喷水效果

房屋随机位置发生火灾，火焰慢慢变大

小岛主，一起来尝试对项目步骤进行分析拆解吧！

1 房子失火，不断燃烧

2 火焰燃烧越来越剧烈

3 利用消防水枪进行灭火

动手实践

登录编程平台，开启你的创作之旅吧！

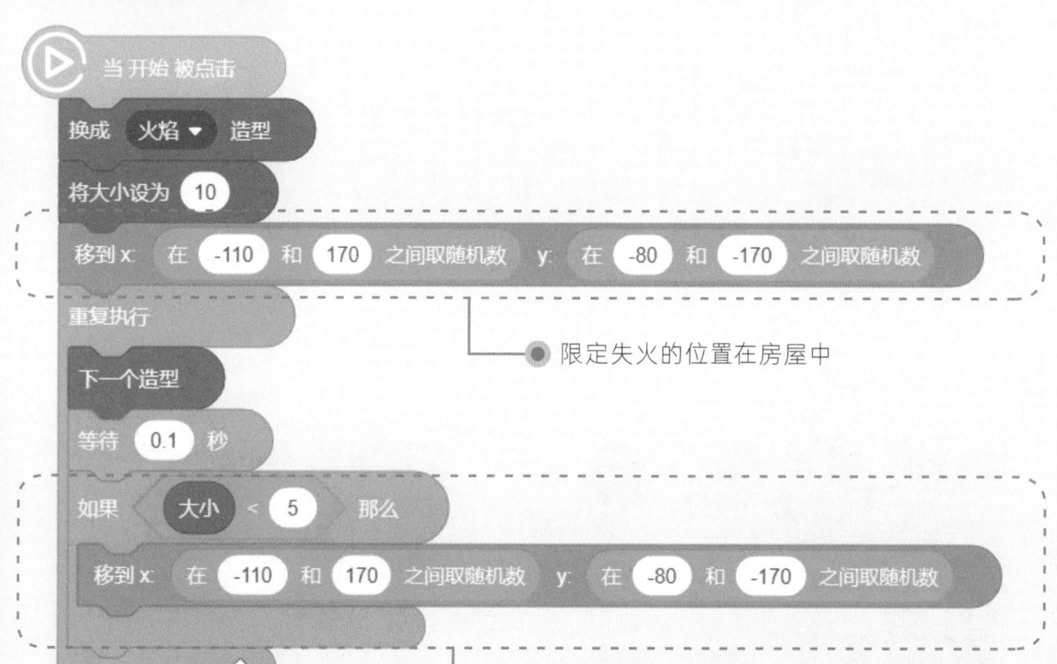

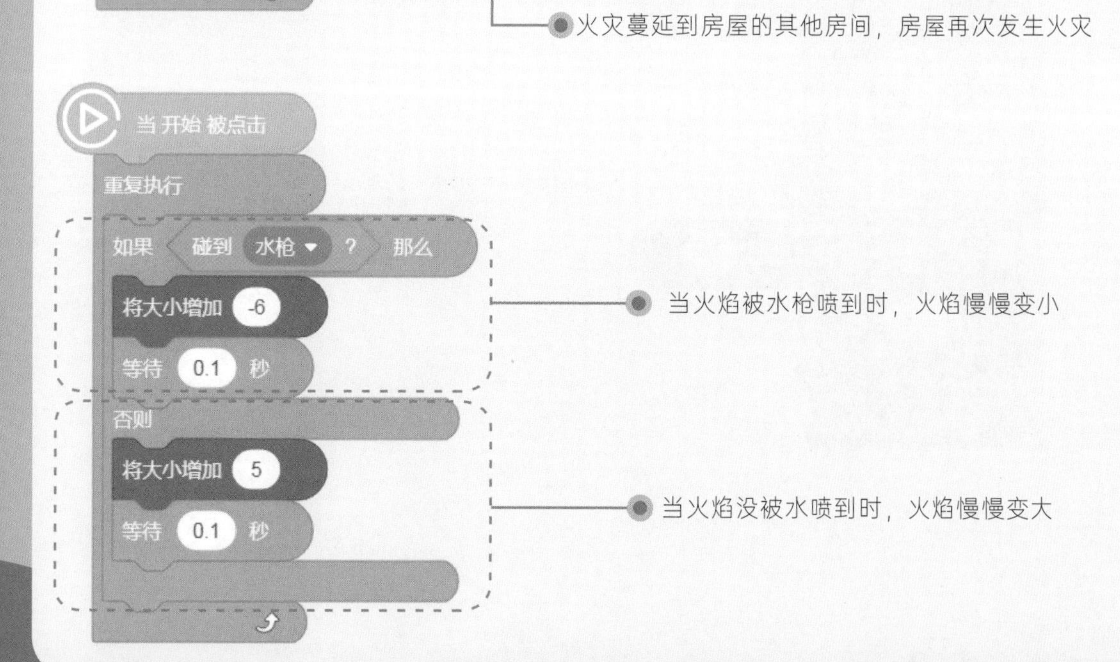

水枪

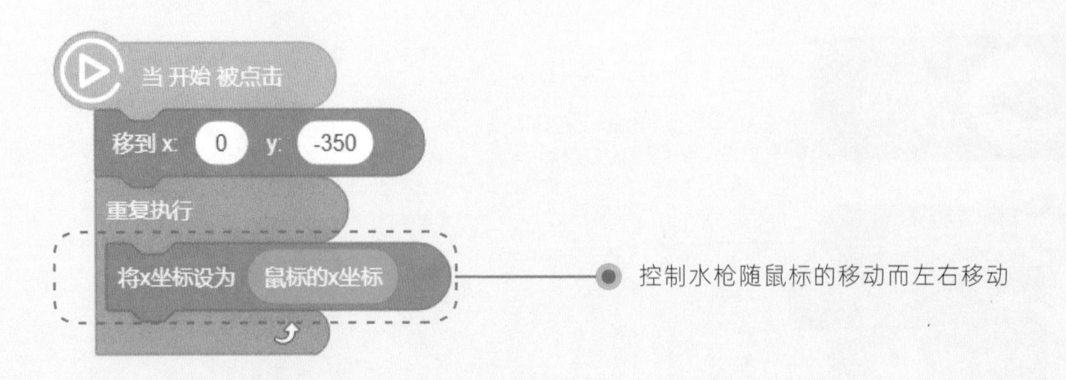
当 开始 被点击
移到 x: 0 y: -350
重复执行
将x坐标设为 鼠标的x坐标
控制水枪随鼠标的移动而左右移动

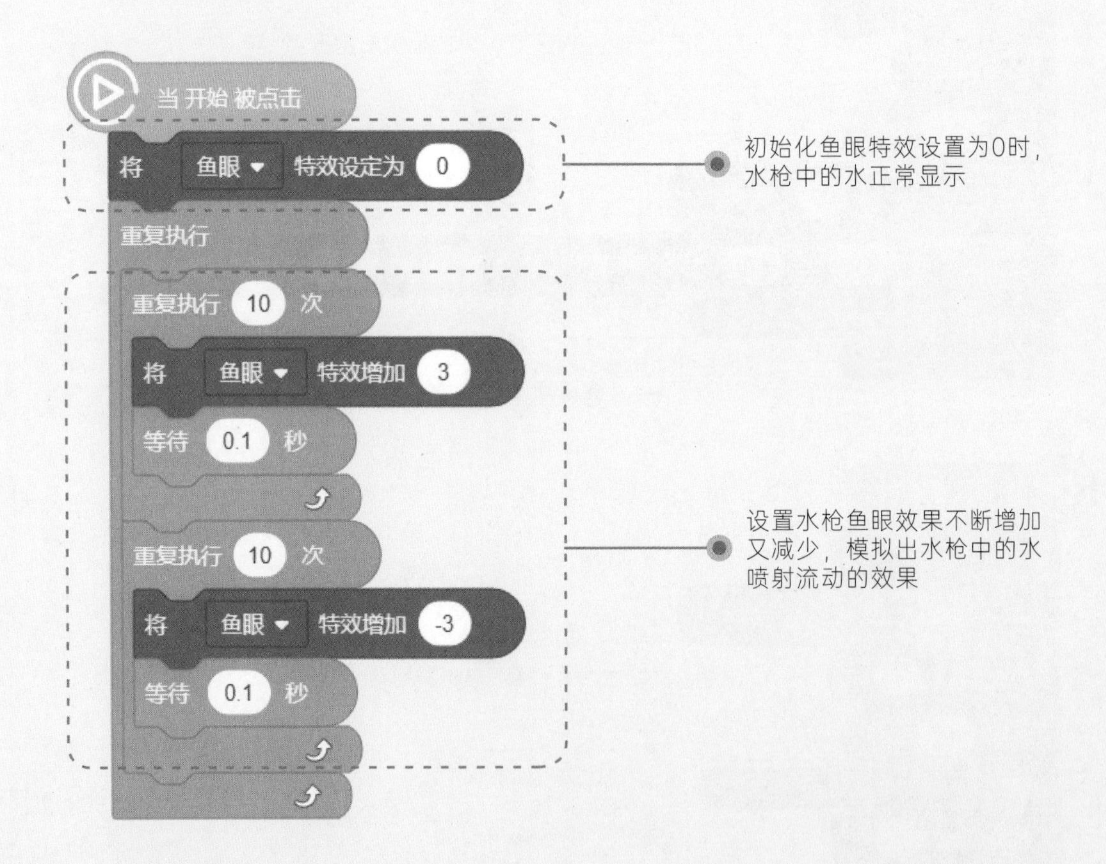
当 开始 被点击
将 鱼眼 特效设定为 0
初始化鱼眼特效设置为0时，水枪中的水正常显示
重复执行
重复执行 10 次
将 鱼眼 特效增加 3
等待 0.1 秒
重复执行 10 次
将 鱼眼 特效增加 -3
等待 0.1 秒
设置水枪鱼眼效果不断增加又减少，模拟出水枪中的水喷射流动的效果

小岛主，你掌握上面的知识了吗？请将项目功能补充完整。

知识脑图

让我们一起来梳理，看看小岛主的知识技能提升了多少。

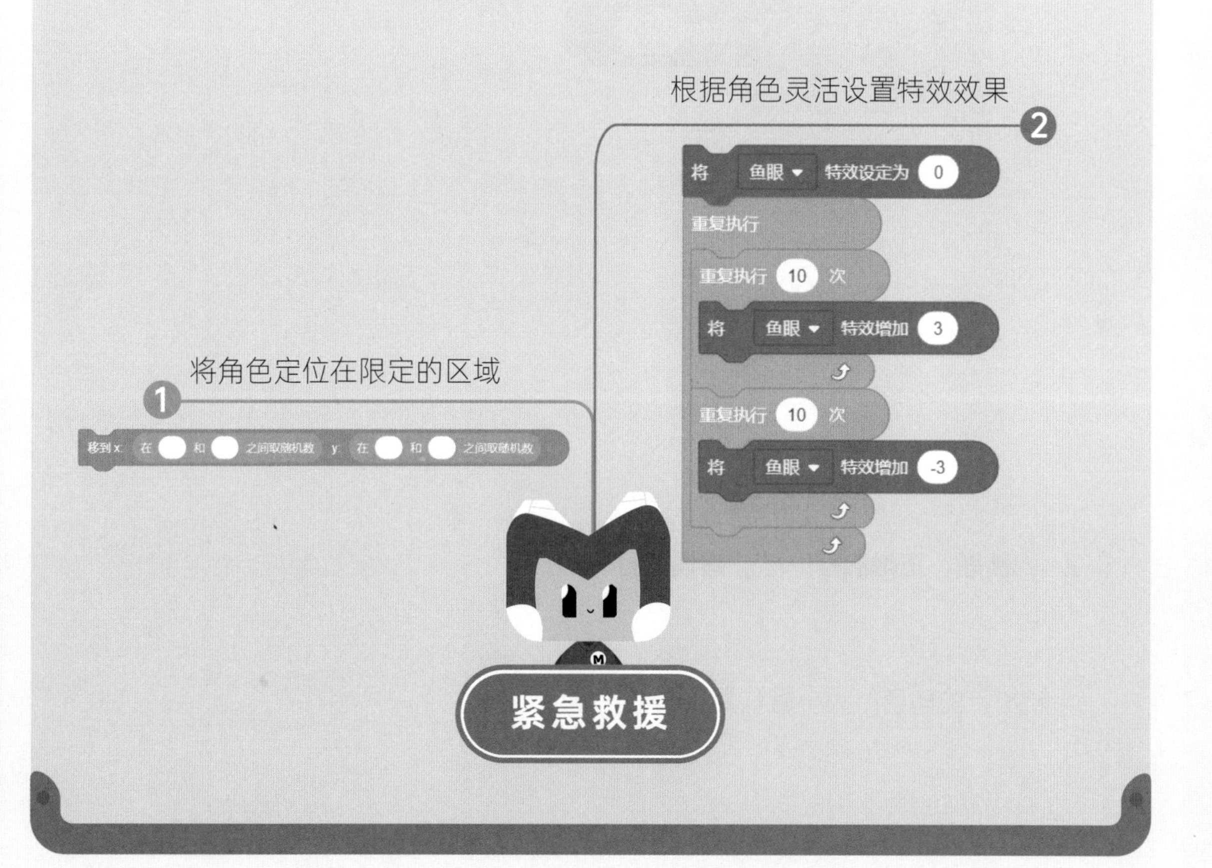

1. 角色执行以下积木后的颜色特效为多少（　　）

A.10　　B.50　　C.0　　D.100

2. 判断题，正确的打"√"，错误的打"×"：

新加入的角色，大小默认为100%。（　　）

3. 编程实操：进入密码岛编程平台，登录账号完成课后训练。

准备工作：

背景：

树下

角色：

火

乌云降雨

实现功能：

1.点击"开始"后，草丛中出现小火苗，慢慢燃烧变大；

2.当按下空格键出现乌云降雨1秒，雨滴碰到火苗时，火会慢慢变小。

第4课 猜拳比赛

——发送广播和接收广播

密码岛上的一切都很美丽壮观，岛民们时常会组织写生活动，到森林中、草原上或者海边记录自然风光。咪玛得知这一消息之后，蠢蠢欲动。为了获得写生工具，他来到了神秘的画室。据说画室的主人每次都会以不同的交易方式卖出工具，而这次是猜拳比赛。

请帮助我在猜拳比赛中获胜，赢取画图所需的工具吧！

微信扫描二维码，预览本课作品动态效果吧！

学习任务

想要实现本节课的项目，小岛主们需要掌握以下知识：

1.了解广播消息的通信原理；

2.熟练使用广播相关积木，让角色之间产生互动的效果。

比赛前玩家以拳头造型准备，

按下"1"键，玩家换剪刀手势造型

按下"2"键，玩家换石头手势造型

按下"3"键，玩家换布手势造型

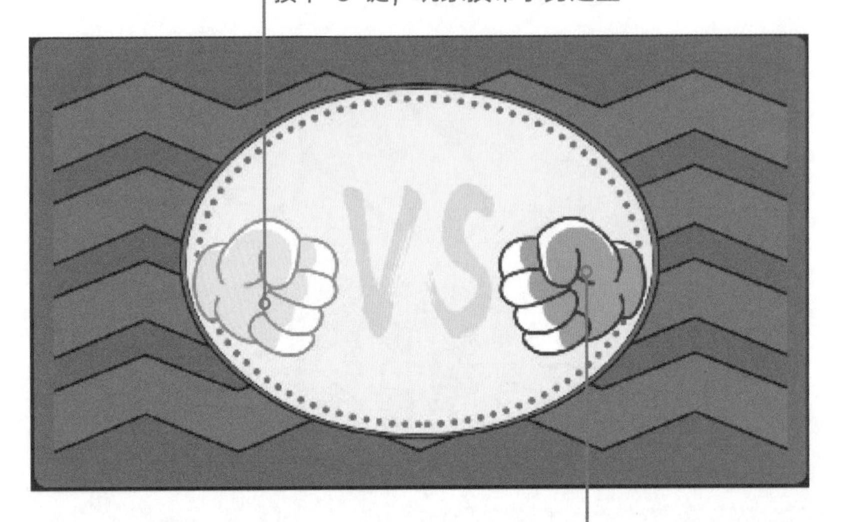

比赛前电脑以拳头手势造型准备，当玩家开始出拳时，电脑随机切换剪刀、石头、布造型之一

解密玩法

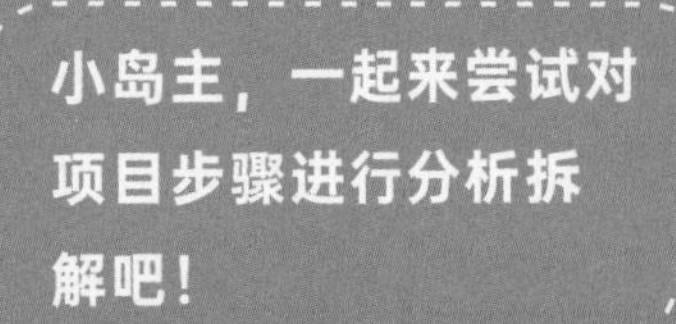

1 双方准备好出拳

2 玩家根据自己的想法进行出拳

3 电脑随机出拳

动手实践

登录编程平台，开启你的创作之旅吧！

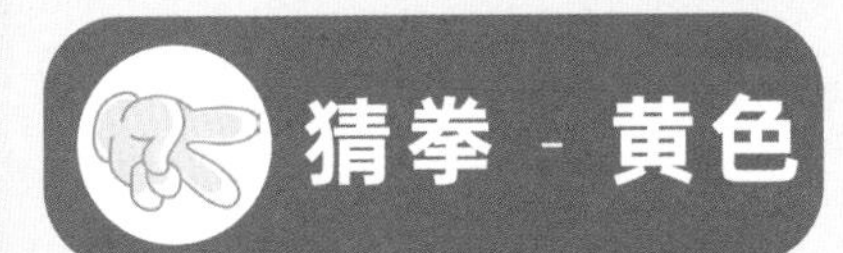

玩家以猜拳手势出现在舞台左方，并以拳头手势做准备

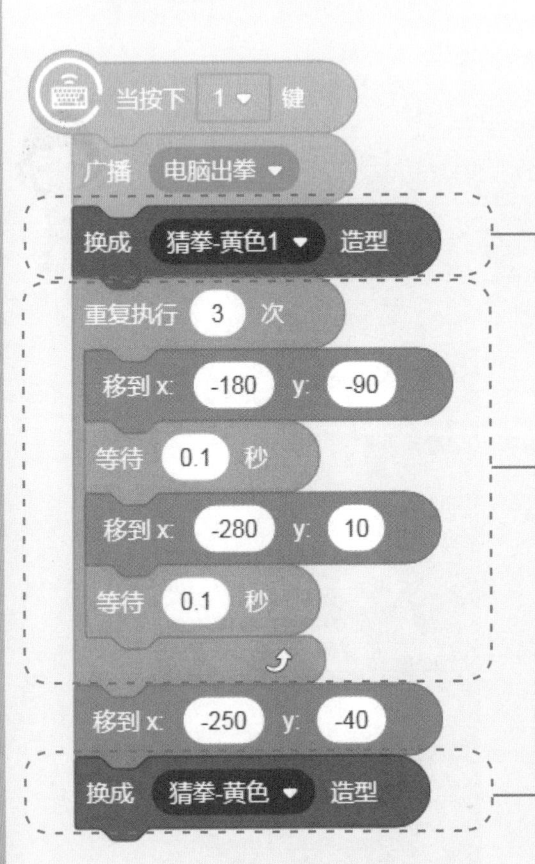

当玩家开始猜拳时，给角色“电脑”发送广播“电脑出拳”，让电脑开始出拳

模拟出握拳上下晃动的动作特效

正式出拳，选择“剪刀”造型进行猜拳

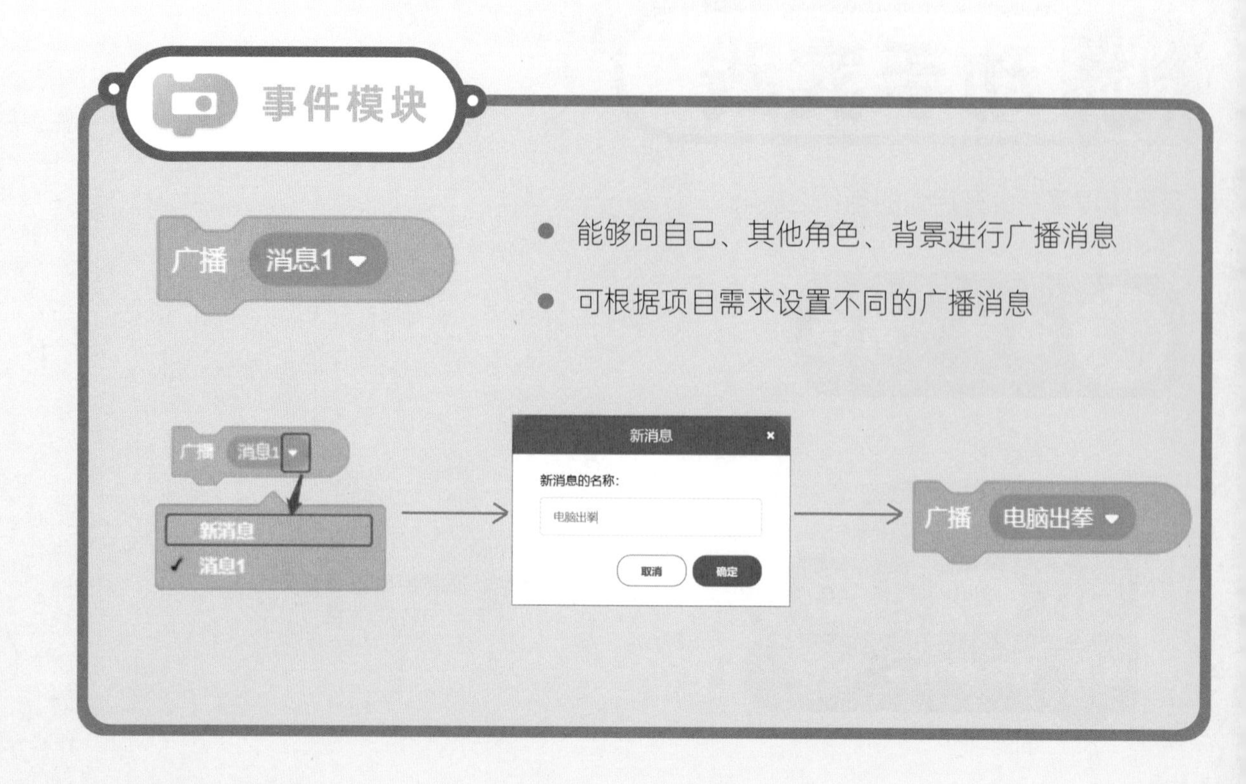

脚本提示

可根据脚本中设置不同的按键对应最后出拳的不同造型

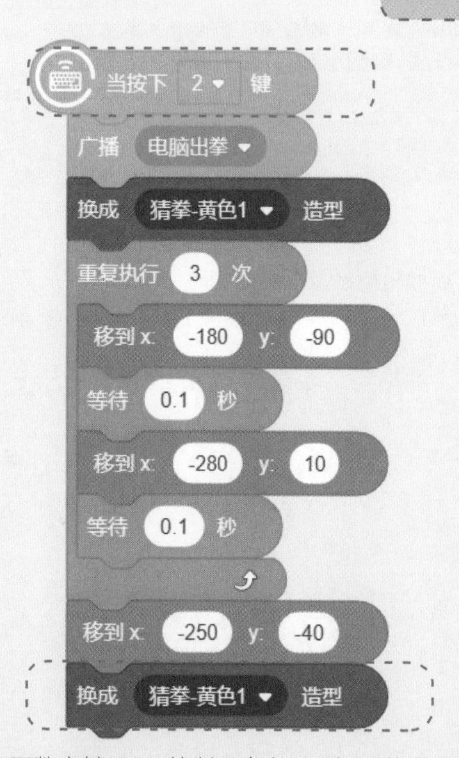

按下数字键"2"，控制玩家以"石头"手势进行猜拳

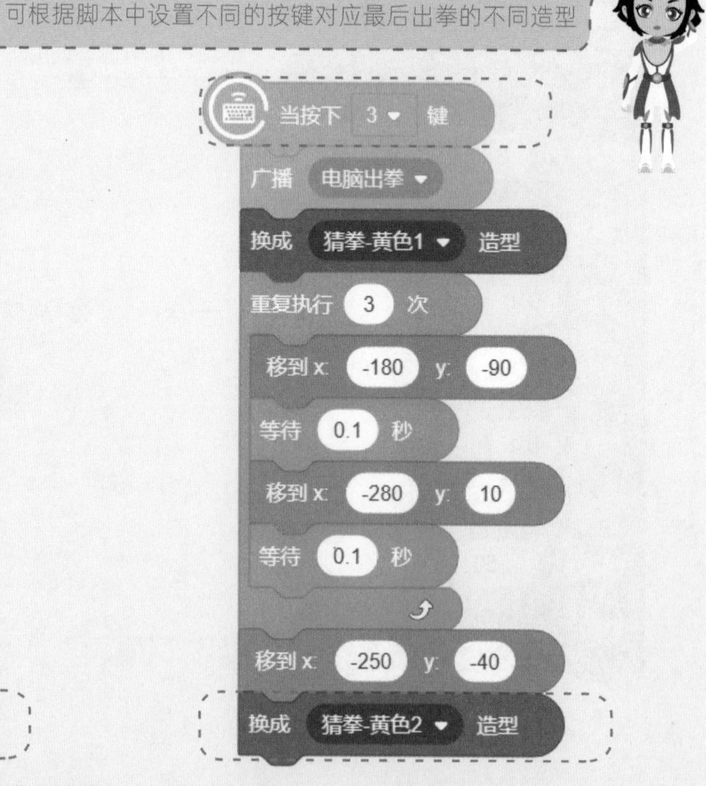

按下数字键"3"，控制玩家以"布"手势进行猜拳

发送广播和接收广播

例如，图片中老师通过指定的口令“上课！起立！”通知学生们上课，当学生接收到对应的广播信号时便会做出回应，如起立。

- 发送广播：老师通知学生上课

- 接收广播：学生起立

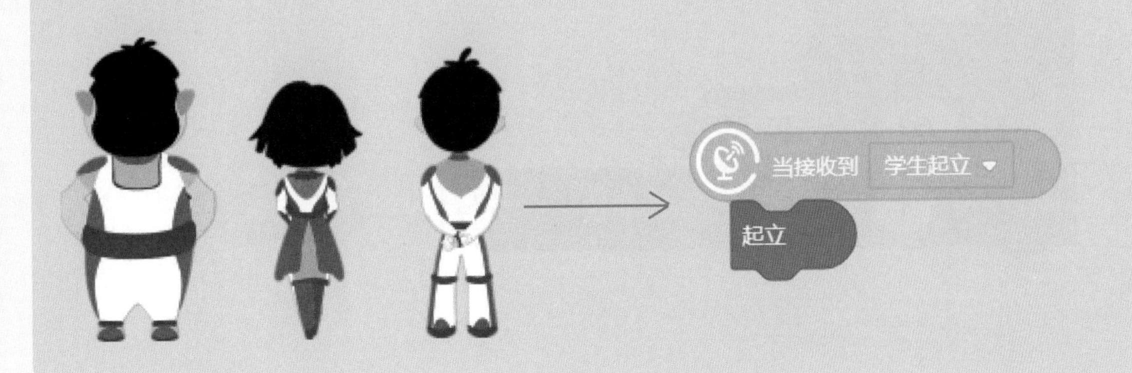

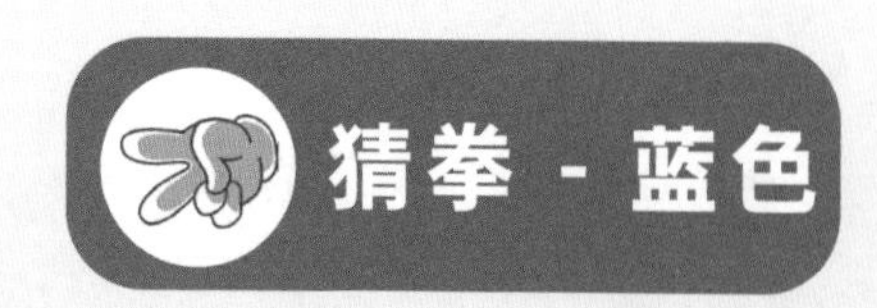

电脑猜拳手势出现在舞台右方，并以拳头手势做准备

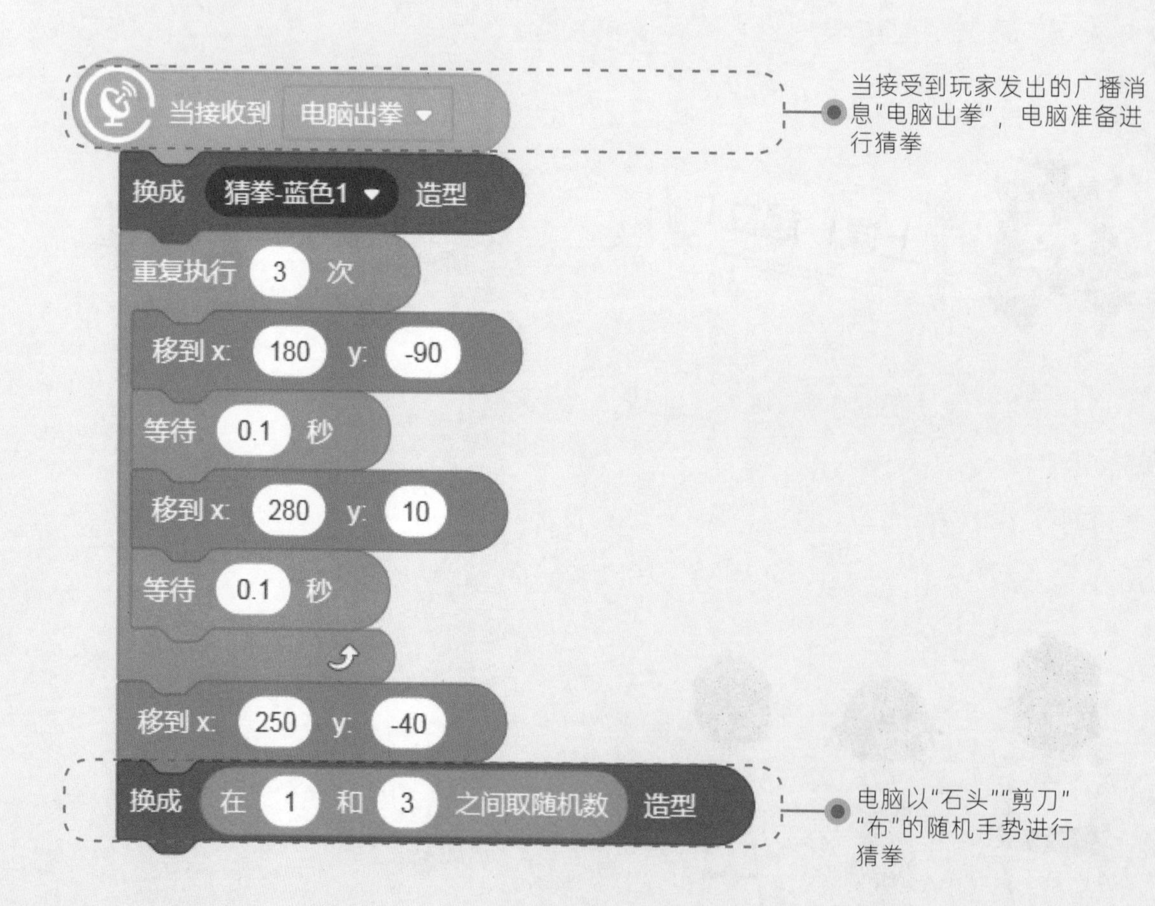

当接受到玩家发出的广播消息“电脑出拳”，电脑准备进行猜拳

电脑以“石头”“剪刀”“布”的随机手势进行猜拳

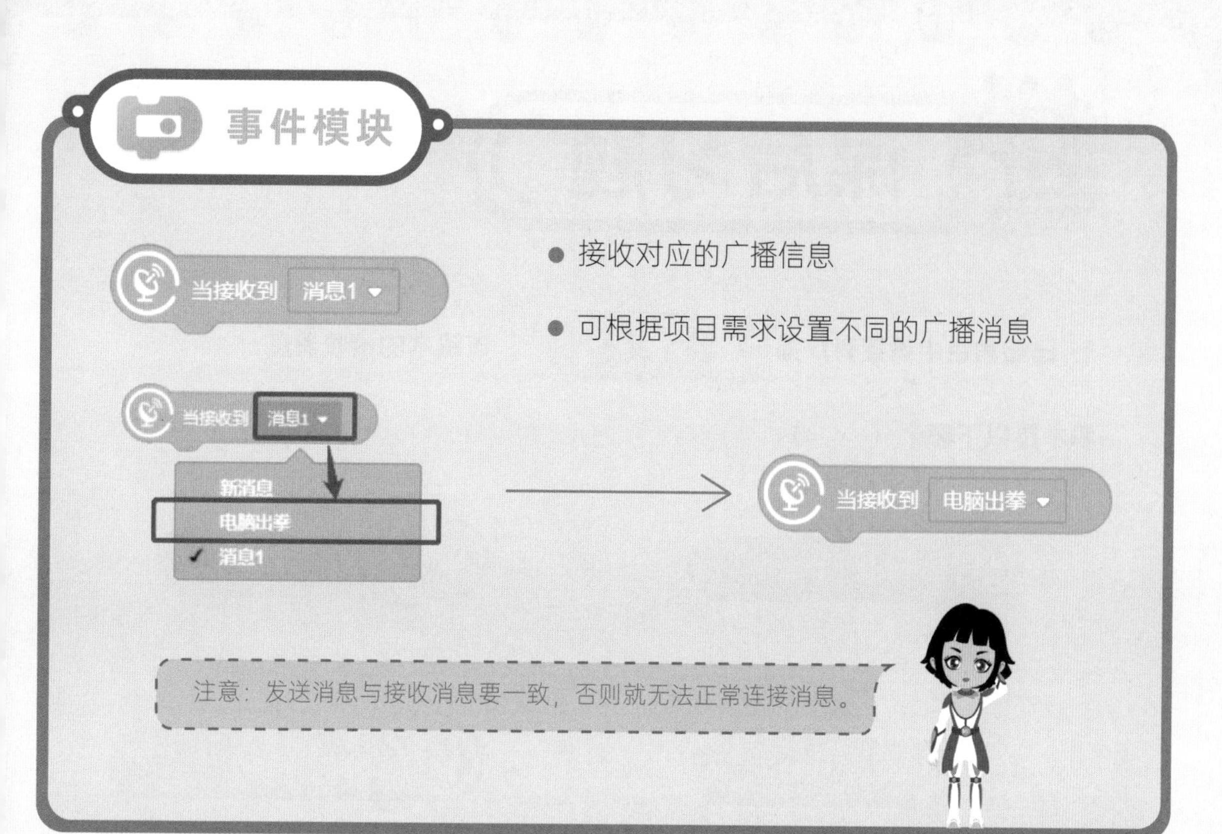

小岛主，你掌握上面的知识了吗？请将项目功能补充完整。

知识脑图

让我们一起来梳理，看看小岛主的知识技能提升了多少。

课后习题

1. 已知角色中设置有广播 

，该积木的接收消息积木是以下哪个（　　）

A. 

B. 

C. 

D. 

2. 运行以下脚本后，角色所在位置坐标正确的是（　　）

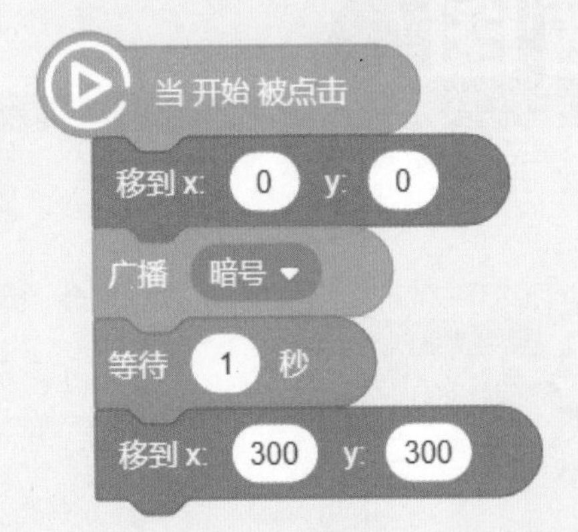

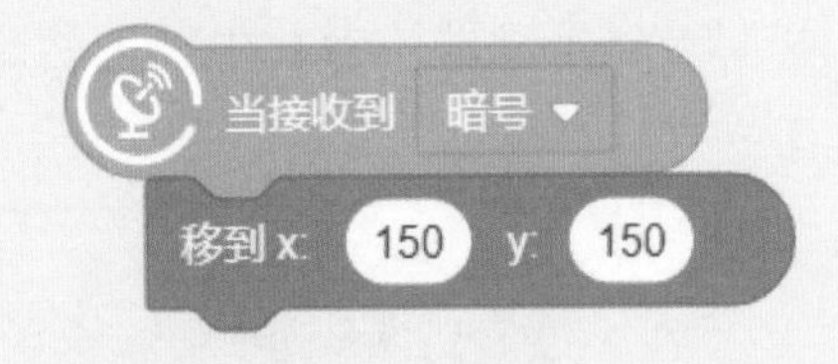

A.（0，0）　B.（100，100）　C.（150，150）　D.（300，300）

3. 编程实操：进入密码岛编程平台，登录账号完成课后训练。

准备工作：

背景：

峡谷

角色：

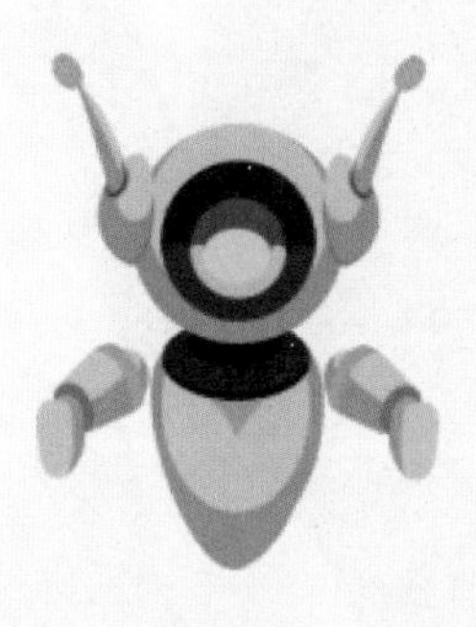

研究员

艾码 - 走路

实现功能：

1.点击“开始”后，艾码在舞台顶部的山谷入口处，研究员在右下角的草地上；

2.用广播功能实现功能：研究员说：“计时开始，跑！”之后，然后艾码开始移动到研究员身旁。

第5课 神奇的画板

——画笔功能

成功赢得猜拳比赛的咪玛获得了许多写生工具，有酷炫多变的画笔，还有神奇的画板。画室的主人告诉咪玛：“在这块画板上作画，会在画板的另外一边产生相同的图案。”咪玛背着写生工具，兴奋地跟着岛民们一起来到了森林中，他坐在一个树桩上，端详起眼前这棵古老的大树，准备开始作画。

请尽快熟悉手上的神奇画板，绘制出满意的作品吧！

微信扫描二维码，预览本课作品的动态效果吧！

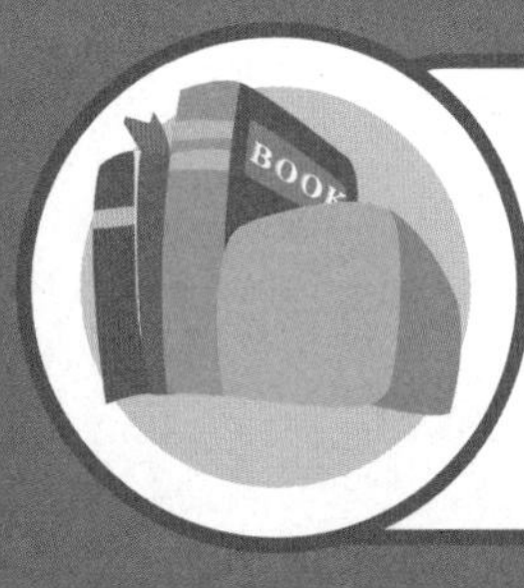

学习任务

想要实现本节课的项目，小岛主们需要掌握以下知识：

1. 通过设置画笔的颜色和粗细等属性，绘制出不同的画卷；
2. 使用全部擦除积木清除所有绘画画笔效果。

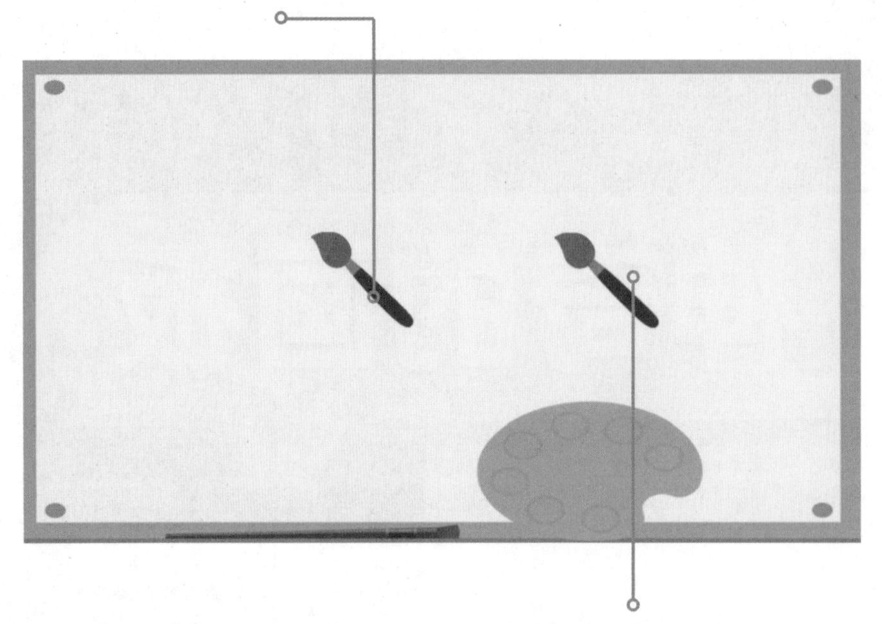

小岛主，一起来尝试对项目步骤进行分析拆解吧！

1. 移动画笔到合适落笔处
2. 落笔绘制图画
3. 另一支画笔做镜像绘画

动手实践

登录编程平台，开启你的创作之旅吧！

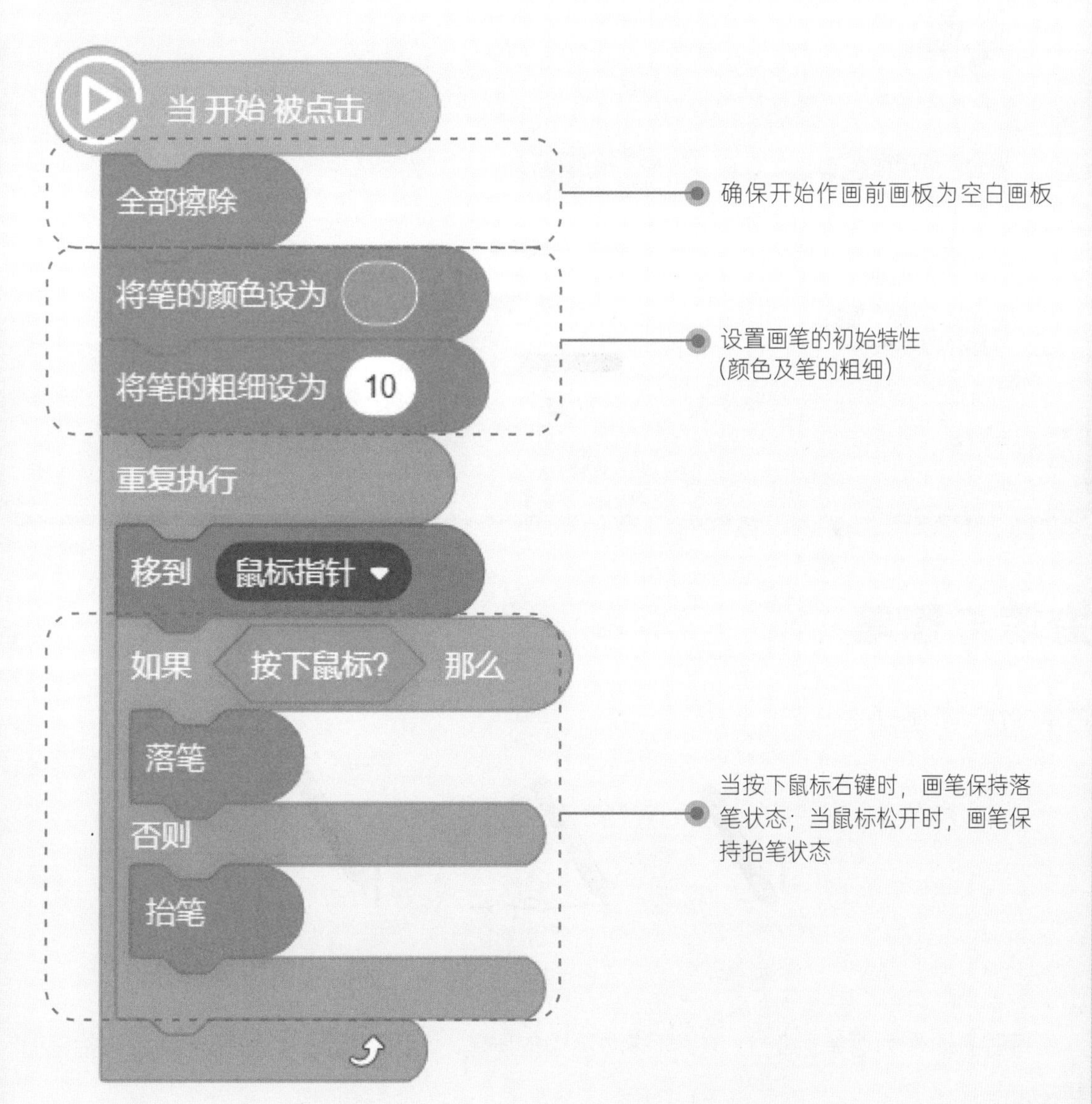

画笔模块

全部擦除

- 可清除全部画笔的轨迹

落笔

- 落笔开始画图（保持落笔状态）

抬笔

- 抬笔结束画图（保持抬笔状态）

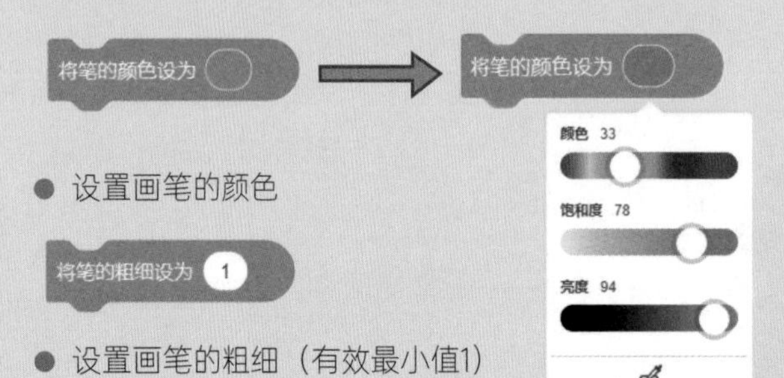

- 设置画笔的颜色（可通过点击 获取舞台中颜色）

将笔的粗细设为 1

- 设置画笔的粗细（有效最小值1）

抬笔与落笔

日常写字、绘画过程：

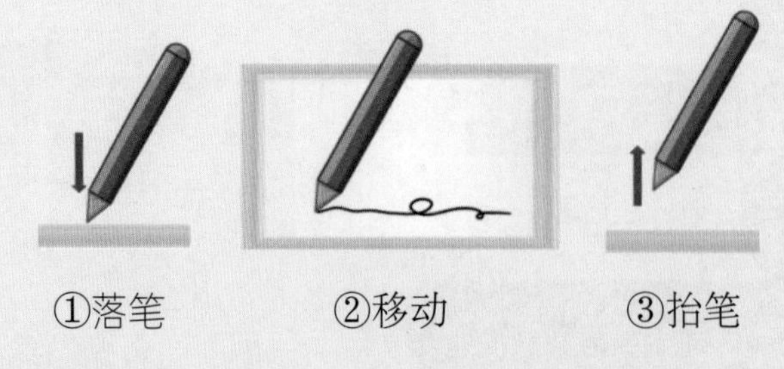

①落笔　　②移动　　③抬笔

写时的动作为落笔到纸上，接着移动手中的画笔，留下笔迹。当写完一笔后再抬笔，重复如此。

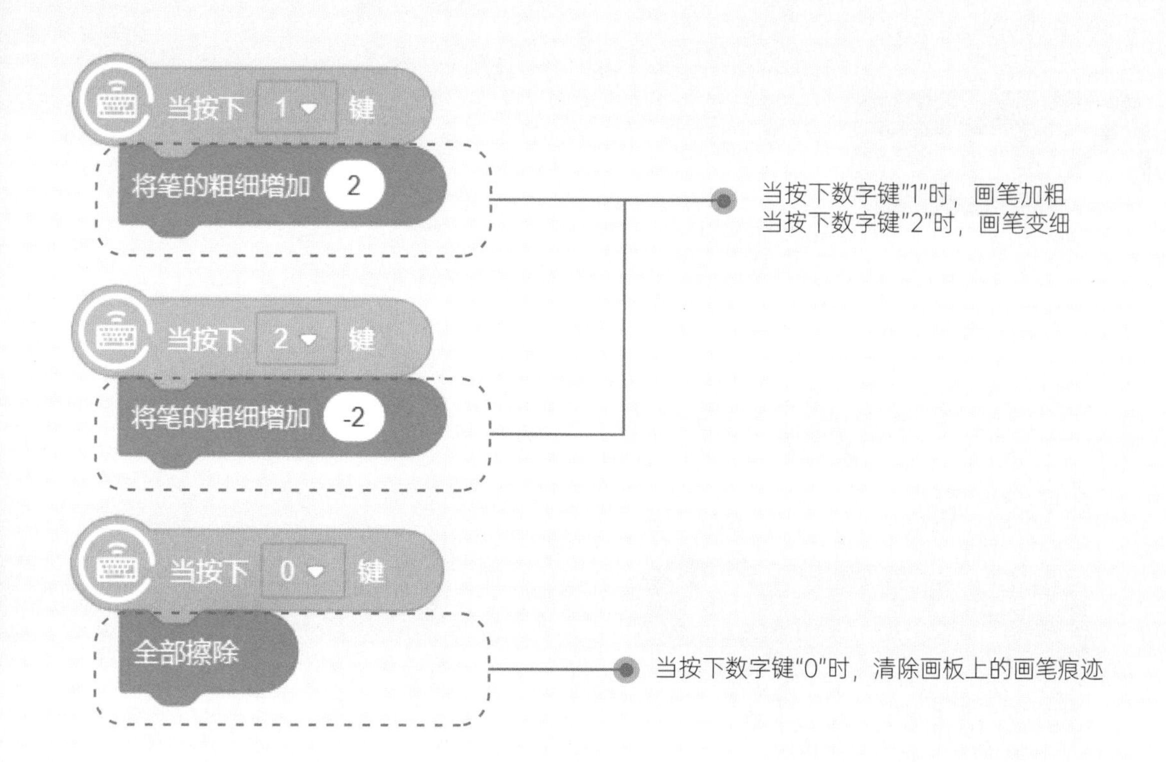
当按下 1 键
将笔的粗细增加 2
当按下 2 键
将笔的粗细增加 -2
当按下 0 键
全部擦除
当按下数字键"1"时，画笔加粗
当按下数字键"2"时，画笔变细
当按下数字键"0"时，清除画板上的画笔痕迹

笔的粗细

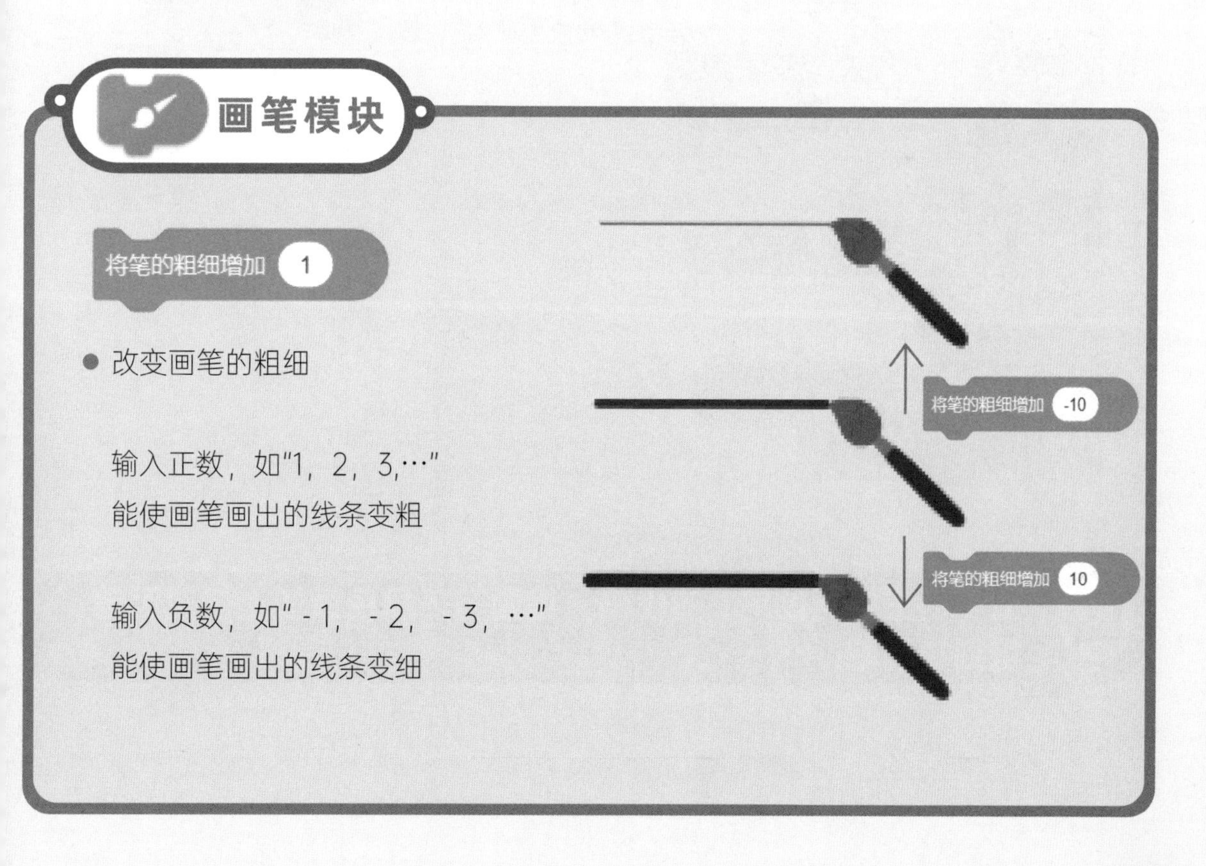
画笔模块
将笔的粗细增加 1
● 改变画笔的粗细
输入正数，如"1，2，3,…"
能使画笔画出的线条变粗
输入负数，如" - 1， - 2， - 3，…"
能使画笔画出的线条变细
将笔的粗细增加 -10
将笔的粗细增加 10

```
当 开始 被点击
全部擦除
将笔的 颜色 ▾ 设为 50
将笔的粗细设为 10
重复执行
    移到 x: (-1) * (鼠标的x坐标) y: (鼠标的y坐标)
    如果 <按下鼠标?> 那么
        落笔
    否则
        抬笔
```

画笔2跟随画笔1做镜像绘画

请小岛主根据画笔1 的代码，给画笔2 角色添加上修改画笔粗细功能吧!

脚本提示

通过数字键"1"将画笔加粗

使用数字键"2"将画笔变细

小岛主，你掌握上面的知识了吗？请将项目功能补充完整。

知识脑图

让我们一起来梳理，看看小岛主的知识技能提升了多少。

抬笔

全部擦除

将笔的颜色设为

2

3

4

将笔的粗细设为 1

1

落笔

5

6

将笔的粗细增加 1

神奇的画笔

1. 以下积木不是关于画笔积木的是（　　）

A. 抬笔

B. 将笔的颜色设为

C. 在 1 和 10 之间取随机数

D. 全部擦除

2. 判断题，正确的打"√"，错误的打"×"：

全部擦除 可以清除所有画笔轨迹。（　　）

3. 编程实操：进入密码岛编程平台，登录账号完成课后训练。

准备工作：

背景：

地图画卷

角色：

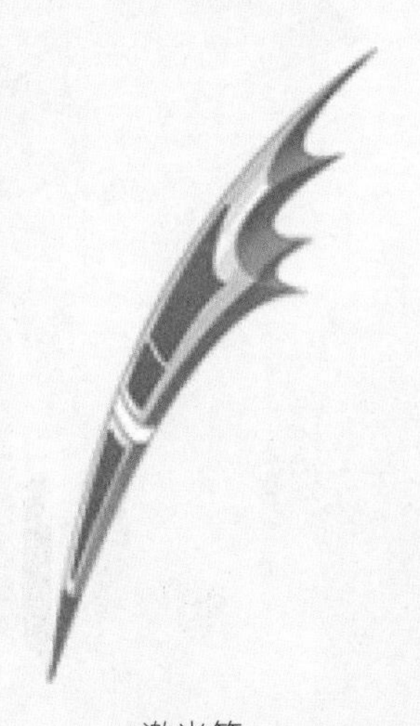

激光笔

实现功能：

点击“开始”后，使用画图类积木及鼠标控制激光笔在画卷地图上画出一个三角形。

M

第6课 色环调配

——色彩三要素

这天，咪玛和小伙伴们一起来到了琳琅满目的陶艺馆。陶艺馆里五颜六色、各式各样的陶艺作品都来自一位大师，而此时，大师正在给新的陶艺作品调配合适的色彩。对色彩一无所知的咪玛感到很新奇，于是上前向大师请教色彩知识。

你了解如何调配色彩吗？来跟我一起学习关于色彩的知识吧！

微信扫描二维码，预览本课作品的动态效果吧！

学习任务

想要实现本节课的项目，小岛主们需要掌握以下知识：

1.认识色彩三要素；

2.学会运用画笔绘制出创意作品。

解密玩法

画笔在画板中通过不断地旋转、移动和改变颜色来绘制出色环

通过数字键调试画笔的特性参数，从而改变圆环中的色彩

小岛主，一起来尝试对项目步骤进行分析拆解吧！

1 准备画笔和颜料

2 绘制圆环

3 给圆环配置完整色系

4 调试色彩

动手实践

登录编程平台，开启你的创作之旅吧！

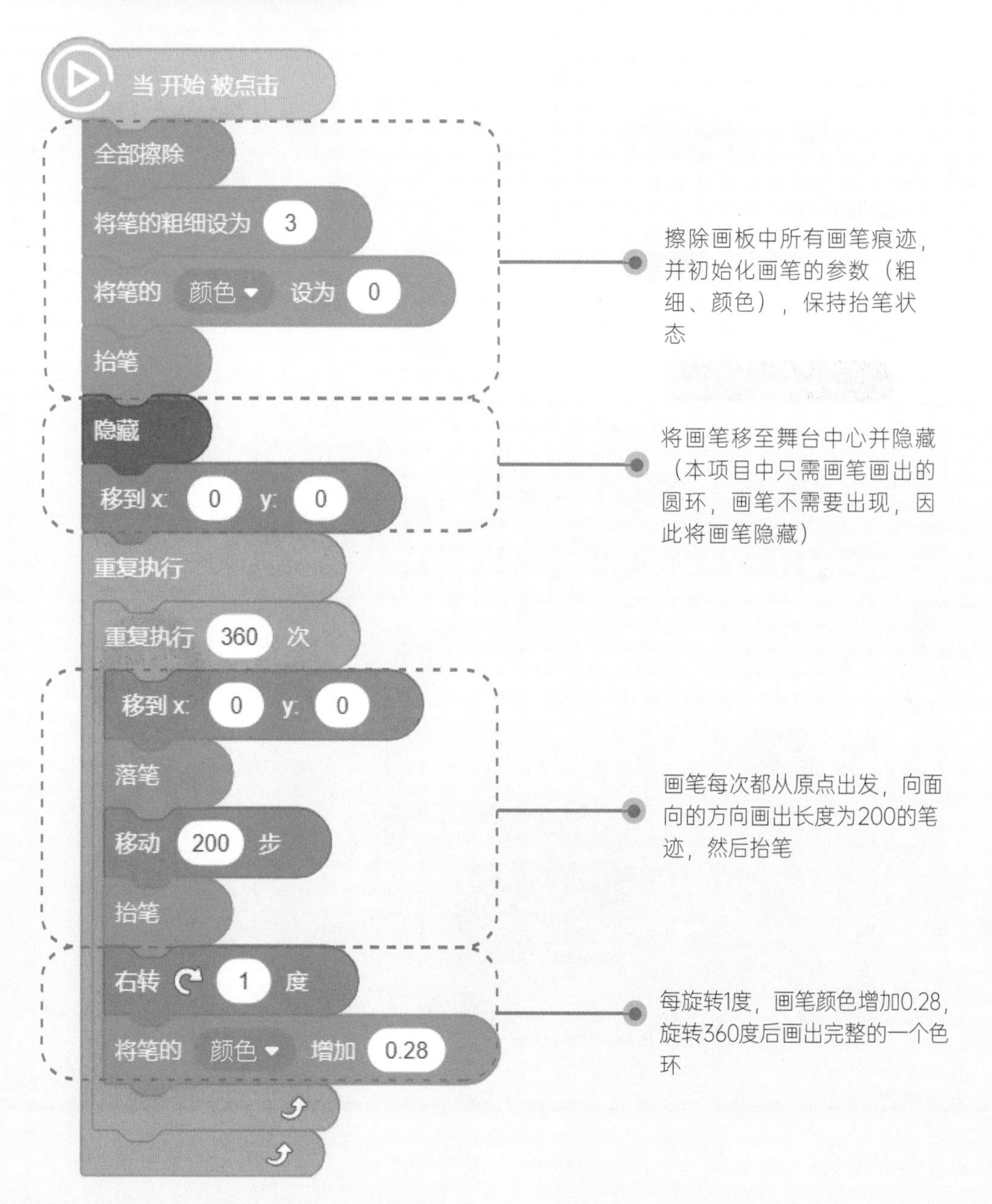

画笔模块

将笔的 颜色 ▾ 设为 50

- 设定画笔的颜色

将笔的 颜色 ▾ 增加 10

- 改变画笔的颜色，使颜色参数增加一定数值

画笔功能中颜色、饱和度、亮度有效值区间是0 ~ 100

输入值超过100的效果与100一样，输入值低于0的效果与0一样

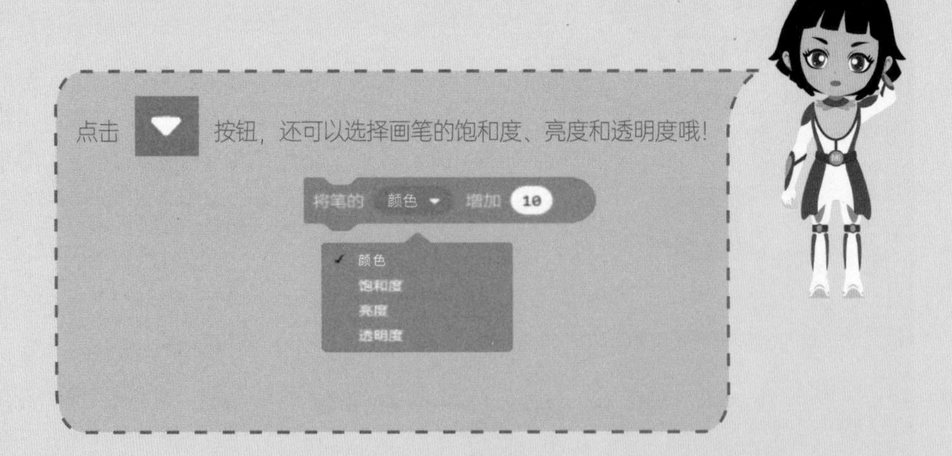

脚本提示

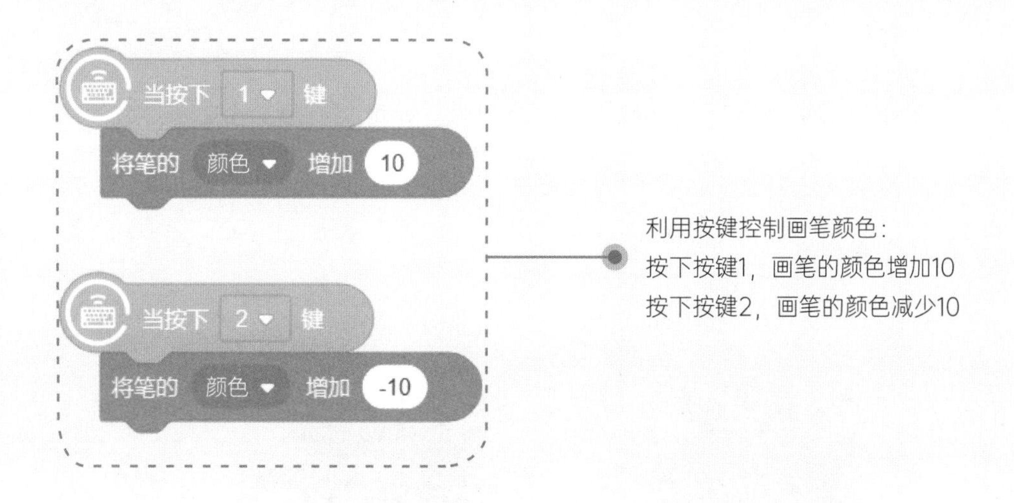

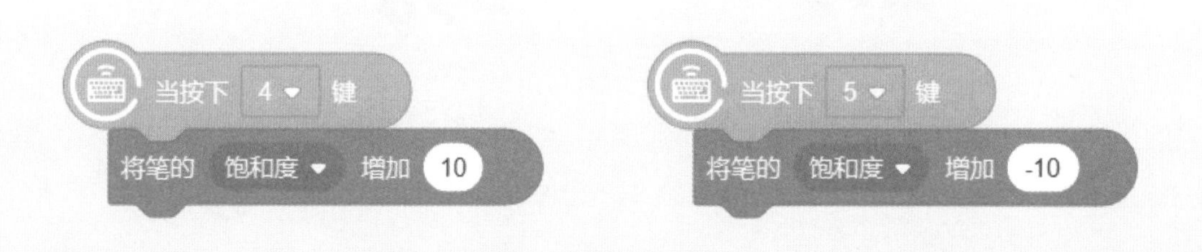

按下按键"4"与"5"改变画笔的饱和度

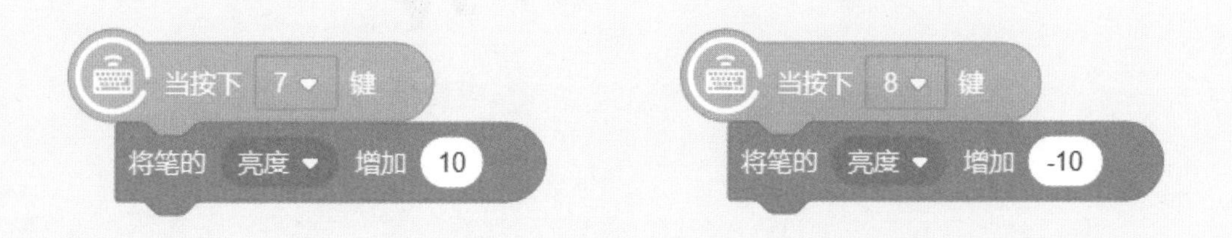

按下按键"7"与"8"改变画笔的亮度

色彩三要素

色彩三要素包括色相（颜色）、饱和度、明度（亮度）3种，其中，色相决定是什么颜色，饱和度决定颜色的浓淡，明度决定颜色的明亮程度。

饱和度高

饱和度低

亮度高

亮度低

小岛主，你掌握上面的知识了吗？请将项目功能补全完整。

知识脑图

让我们一起来梳理，看看小岛主的知识技能提升了多少。

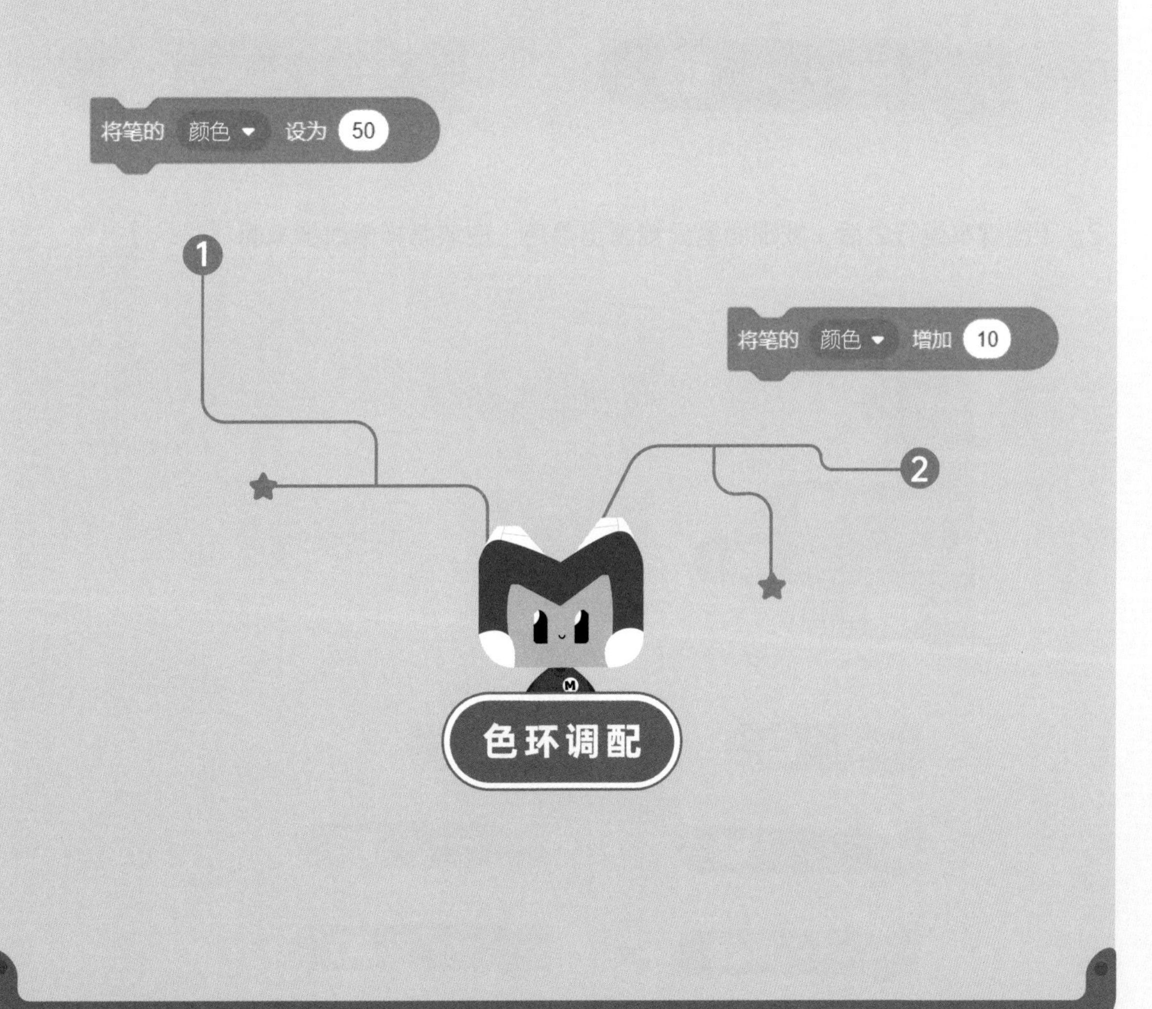

课后习题

1. 以下哪个积木可以改变画笔的饱和度（　　）

A. 将笔的 颜色 ▾ 增加 10

B. 将笔的 透明度 ▾ 增加 10

C. 将笔的 饱和度 ▾ 增加 10

D. 将笔的 亮度 ▾ 增加 10

2. 下图脚本运行之后，发现画笔只能画出黑色，应该怎样修改脚本呢（　　）

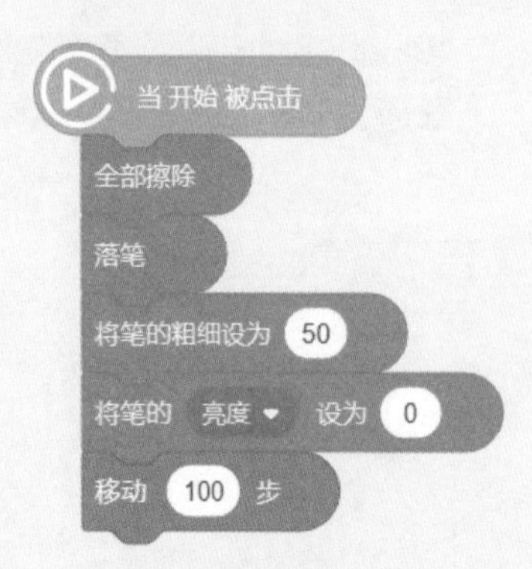

A. 将笔的粗细设为 50 改为 将笔的粗细设为 100

B. 将笔的 亮度 ▾ 设为 0 改为 将笔的 亮度 ▾ 设为 100

C. 将笔的 亮度 ▾ 设为 0 改为 将笔的 颜色 ▾ 设为 100

D. 将笔的 亮度 ▾ 设为 0 改为 将笔的 饱和度 ▾ 设为 100

3. **编程实操：进入密码岛编程平台，登录账号完成课后训练。**

准备工作：

背景：

画板

角色：

画笔

实现功能：

1.设置画笔跟随鼠标移动；

2.点击鼠标时落笔，不点击鼠标时则抬笔；

3.调整画笔的属性画出你喜欢的食物吧。

M

秘林中的糖果屋1

——随机数

咪玛和朋友们在树林中发现了一个糖果屋，他们想沿着糖果屋前的唯一一条小石子路走进糖果屋，却发现好像被屏障挡住了一样，怎么也走不了。"怎样才能拿到糖果呢？"咪玛和朋友们想着想着，发现一旁的木桩上有3个骰子。于是，他们走到木桩旁，一边随意地掷着骰子，一边思考。

你知道骰子有什么特点吗？来和我一起研究吧！

微信扫描二维码，预览本课作品的动态效果吧！

学习任务

想要实现本节课的项目，小岛主们需要掌握以下知识：

1.认识随机数;

2.掌握随机数积木;

3.学会利用该积木与其他类型积木相结合，提高项目的随机性、偶然性。

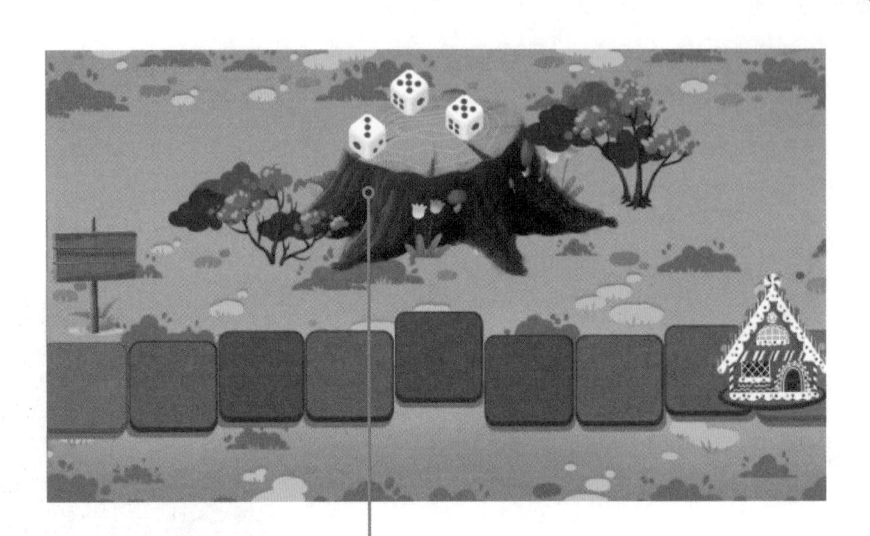

按下空格键，骰子切换到随机造型，在木桩上的随机位置移动，最终停下来移到指定位置上

小岛主，一起来尝试对项目步骤进行分析拆解吧！

1 在木桩上掷出骰子

2 骰子滚动

3 骰子停止滚动

动手实践

登录编程平台，开启你的创作之旅吧！

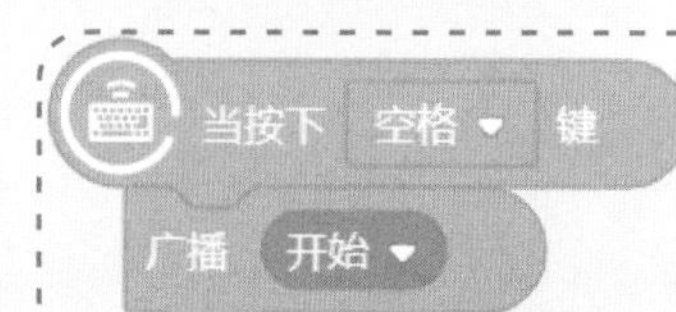

利用按下空格键启动广播消息

广播的内容可以自己决定哟，不过要注意广播和接收的消息一致。

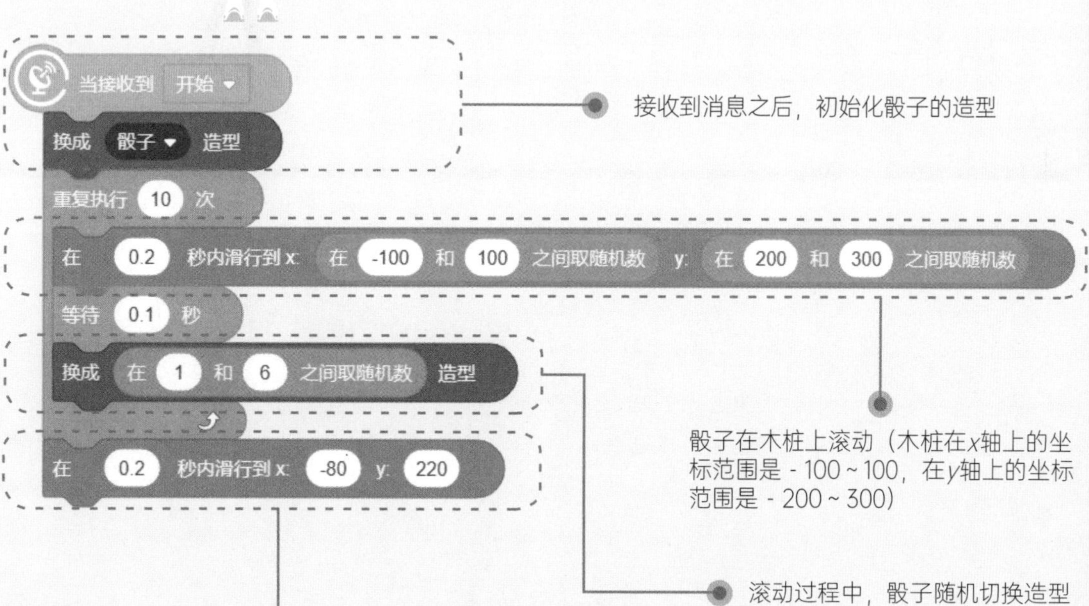

接收到消息之后，初始化骰子的造型

骰子在木桩上滚动（木桩在x轴上的坐标范围是 - 100 ~ 100，在y轴上的坐标范围是 - 200 ~ 300）

滚动过程中，骰子随机切换造型

重复随意滚动10次之后，骰子以某个造型落在指定的位置

运算模块

在 1 和 10 之间取随机数

- 在1～10之间取任意一个整数
- 输入不同的数字，可以改变取值的范围

将1改为1.0 在 1.0 和 10 之间取随机数 6.568150113698002 ，产生的随机数会变为1.0～10之间的任意一个小数

可以结合造型积木以及运动积木

随机数

随机指的是事情没有一定的结果，结果存在于一系列可能性中。例如，在抛硬币时，可能出现正面朝上和反面朝上两种结果。

在上图中，灵伊有可能会拿出1～10中任意一个数字的球，我们无法断定是哪个，这样的数字就叫作随机数。

脚本提示

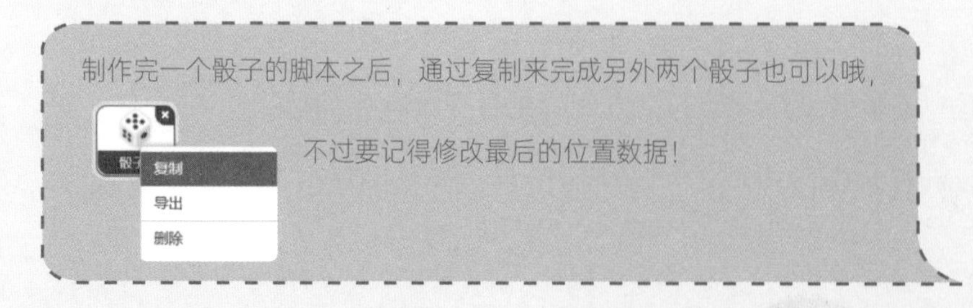

```
当接收到 开始
换成 骰子 造型
重复执行 10 次
    在 0.2 秒内滑行到x: 在 -100 和 100 之间取随机数 y: 在 200 和 300 之间取随机数
    等待 0.1 秒
    换成 在 1 和 6 之间取随机数 造型
在 0.2 秒内滑行到x: 50 y: 250
```

```
当接收到 开始
换成 骰子 造型
重复执行 10 次
    在 0.2 秒内滑行到x: 在 -100 和 100 之间取随机数 y: 在 200 和 300 之间取随机数
    等待 0.1 秒
    换成 在 1 和 6 之间取随机数 造型
在 0.2 秒内滑行到x: -10 y: 270
```

小岛主，你掌握上面的知识了吗？请将项目功能补充完整。

知识脑图

让我们一起来梳理，看看小岛主的知识技能提升了多少。

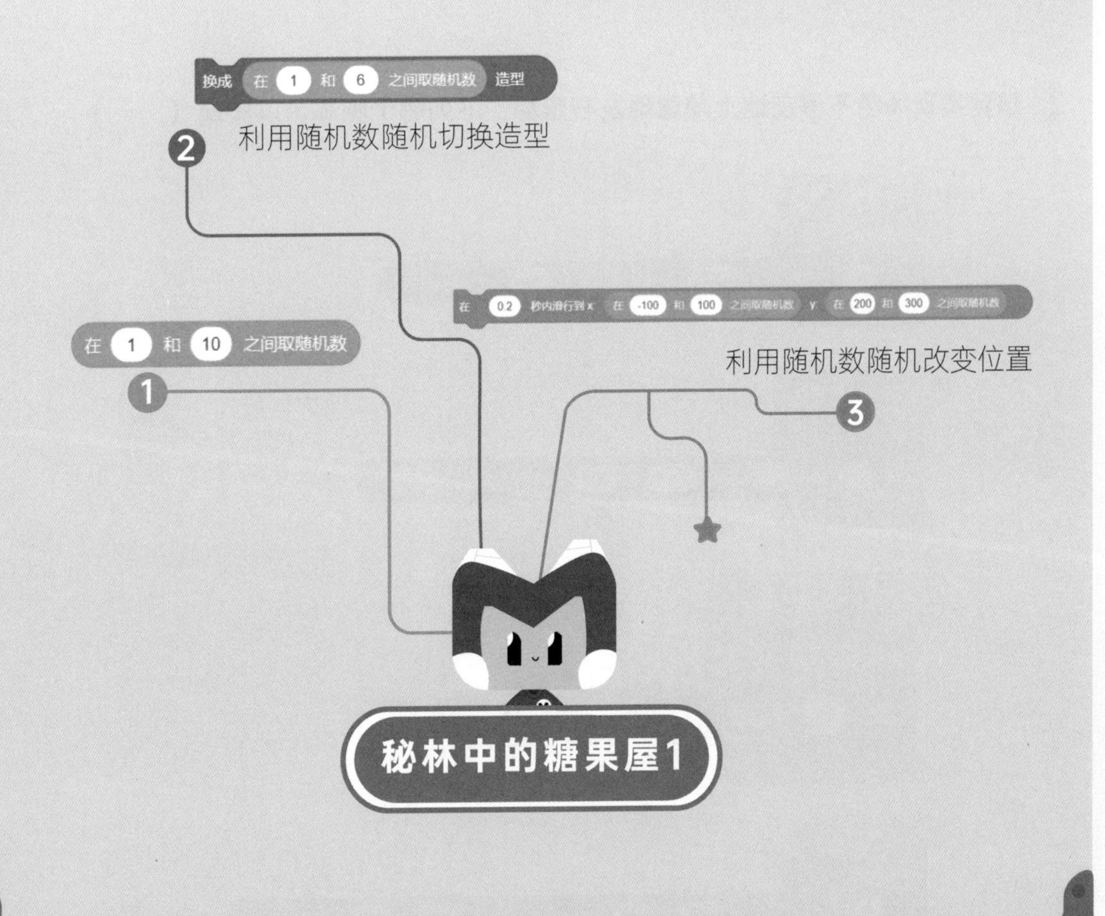

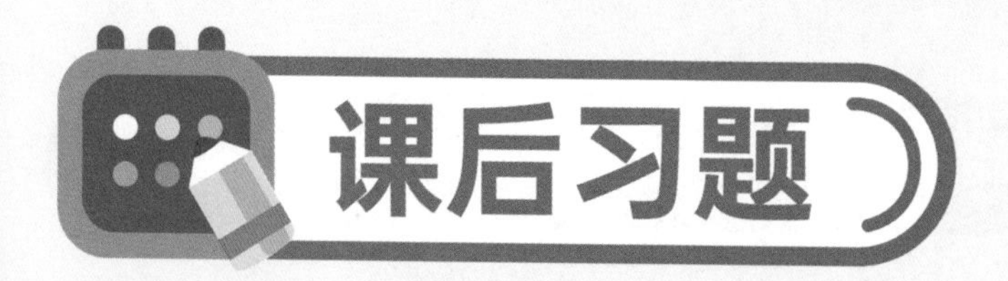

1. 执行下列积木后，角色不可能说哪个数（　　）

A.5　　B.3

C.8　　D.1

2. 想要实现角色不停在地上随意地左右走动，下列哪个脚本可以实现（　　）

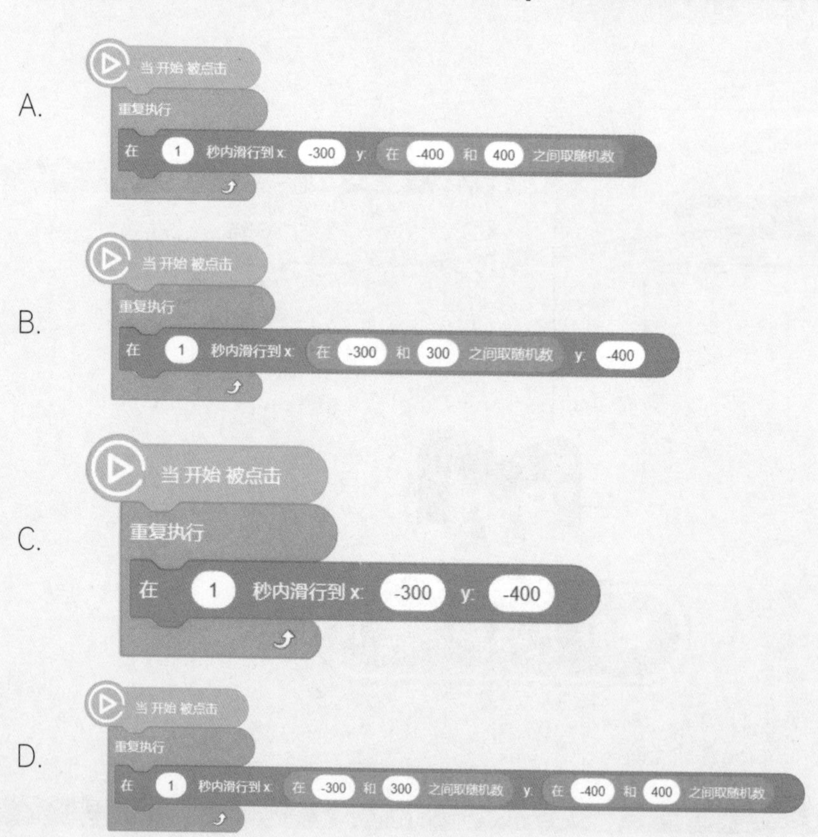

3. 编程实操：进入密码岛编程平台，登录账号完成课后训练。

准备工作：

背景：

蓝天绿草

角色：

云 - 白

实现功能：

1.点击"开始"后，云朵在天空中随意飘动；

2.云朵不能飘动到草地上。

掷骰子规则
当掷出的骰子总数大于9时，则在小石子路上往前走100步；当小于或者等于9时，则往后退50步。当你到达糖果屋时，就可以拿到糖果哦！

第8课 秘林中的糖果屋2

——区间的划分

突然，咪玛注意到了小石子路的起点立着一个告示牌，于是他快步走过去，念出了告示牌内容：“掷骰子规则：当掷出的骰子和总数大于9时，则在小石子路上往前走100步；小于或者等于9时，则往后退50步。当你到达糖果屋时，就可以拿到糖果哦！”接着便和朋友们配合，开始向糖果屋出发。

我们已经知道了进入糖果屋的办法了，那么就让我们一起向糖果屋出发吧！

微信扫描二维码，预览本课作品的动态效果吧！

学习任务

想要实现本节课的项目，小岛主们需要掌握以下知识：

1. 认识区间；
2. 学习通过数轴观察区间的变化；
3. 掌握编程中区间的表达方法。

掷完骰子之后记录下结果，然后通知咪玛

咪玛初始是在道路起点掷完骰子后对骰子总数进行计算并说出来，当骰子总数大于9则向前走100步，否则向后退50步

小岛主，一起来尝试对项目步骤进行分析拆解吧！

1. 在木桩上掷骰子
2. 记录骰子的结果
3. 比较骰子总数是否大于9
4. 咪玛向前走或向后退，直到到达糖果屋

动手实践

同学们还记得上节课我们实现了什么功能吗？现在让我们一起来登录编程平台，将项目补充完整吧！

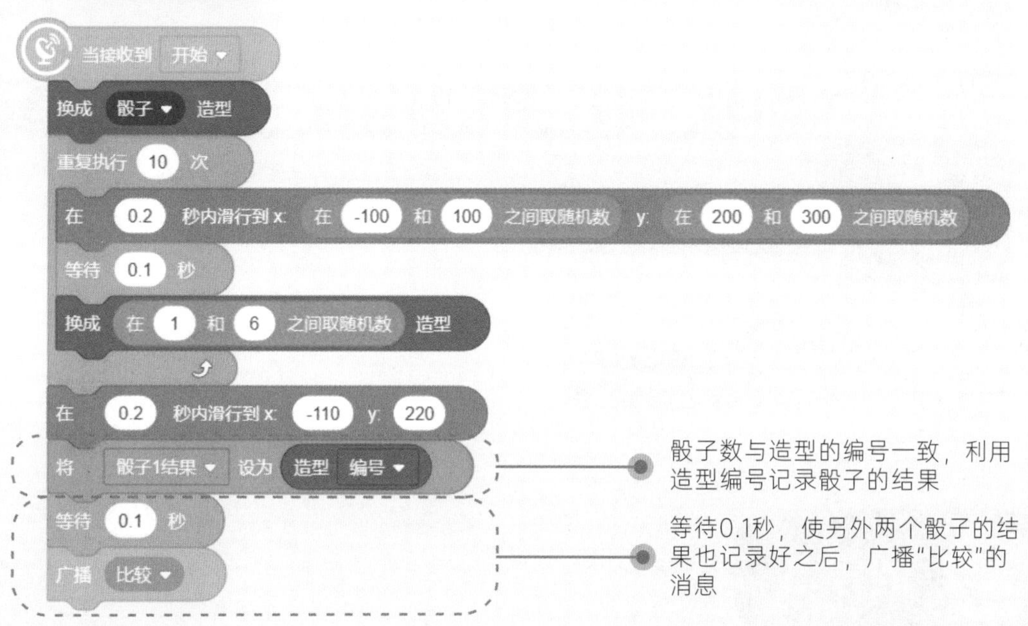

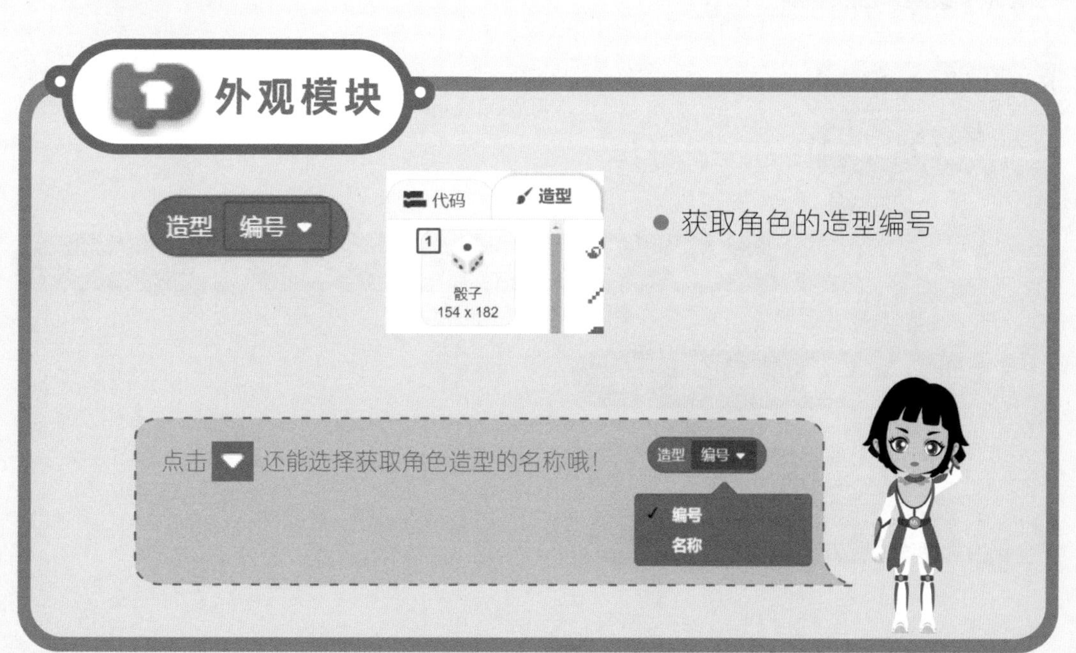

脚本提示

当接收到 开始

换成 骰子 造型

重复执行 10 次

在 0.2 秒内滑行到 x: 在 -100 和 100 之间取随机数 y: 在 200 和 300 之间取随机数

等待 0.1 秒

换成 在 1 和 6 之间取随机数 造型

在 0.2 秒内滑行到 x: -40 y: 290

将 骰子3结果 设为 造型 编号

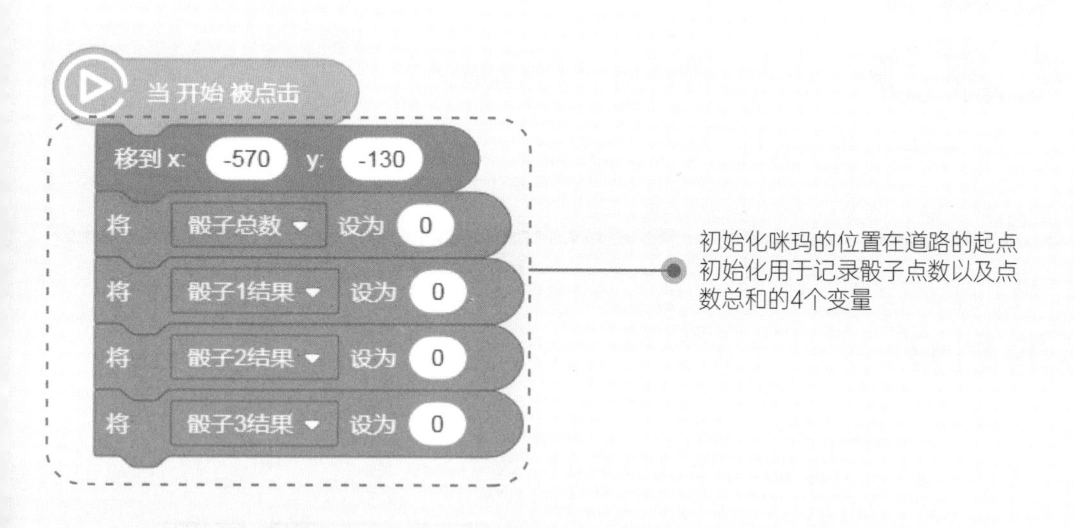

初始化咪玛的位置在道路的起点
初始化用于记录骰子点数以及点数总和的4个变量

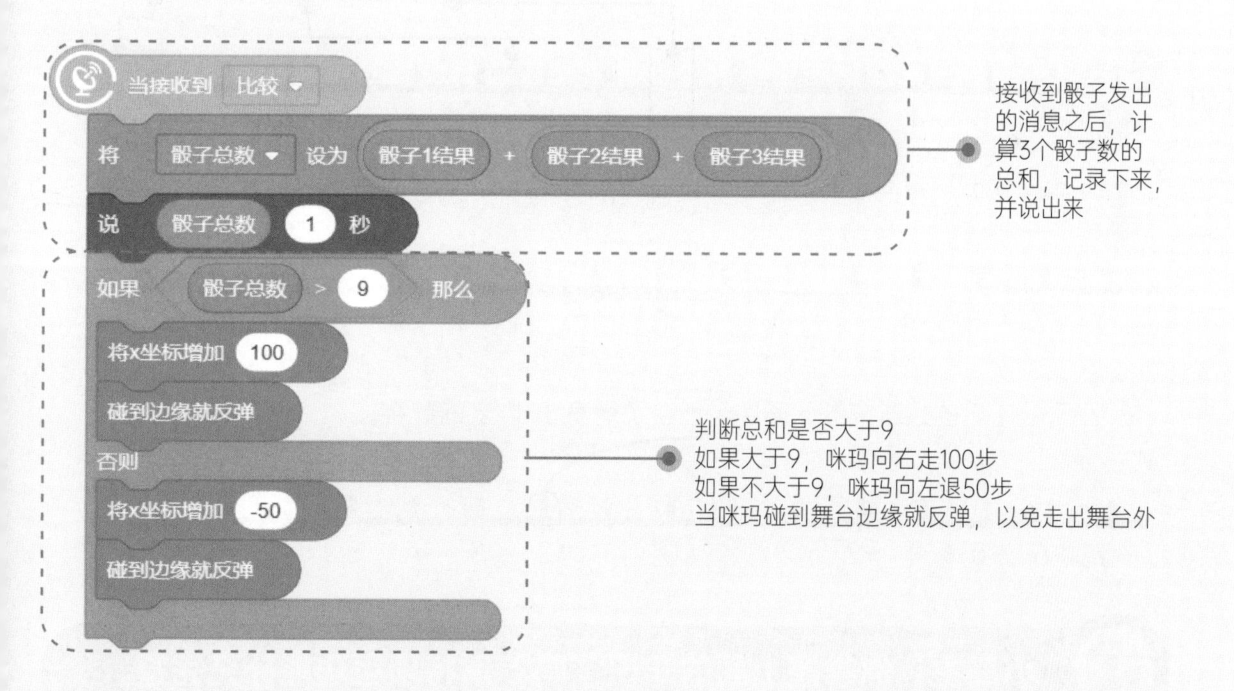

接收到骰子发出的消息之后，计算3个骰子数的总和，记录下来，并说出来

判断总和是否大于9
如果大于9，咪玛向右走100步
如果不大于9，咪玛向左退50步
当咪玛碰到舞台边缘就反弹，以免走出舞台外

运算

( ) < 50 ● 判断前面的数字是否小于后面的数字

( ) > 50 ● 判断前面的数字是否大于后面的数字

( ) = 50 ● 判断前后两个数字是否相等

属于判断结果中的条件积木，成立时返回true（是），不成立时返回false（否）

区间的划分

区间，通俗来说就是范围，“从几到几”。在数学中，一般使用“ > （大于）”、“ < （小于）”和“ = （等于）”来构成一个个区间。

区间还可以用数轴来表示，数轴是一条直线，由原点0、单位长度和正方向构成。

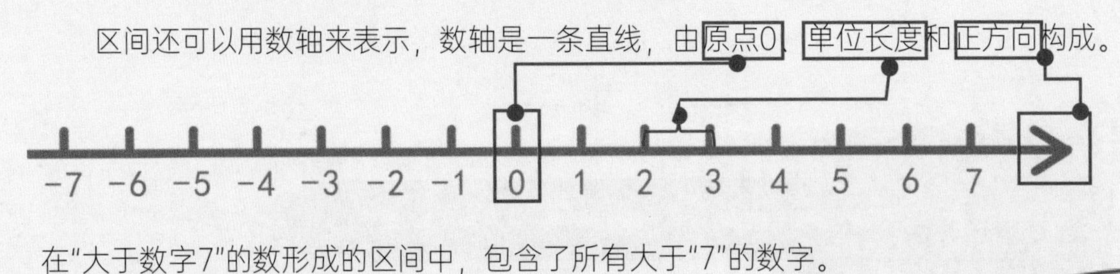

在“大于数字7”的数形成的区间中，包含了所有大于“7”的数字。

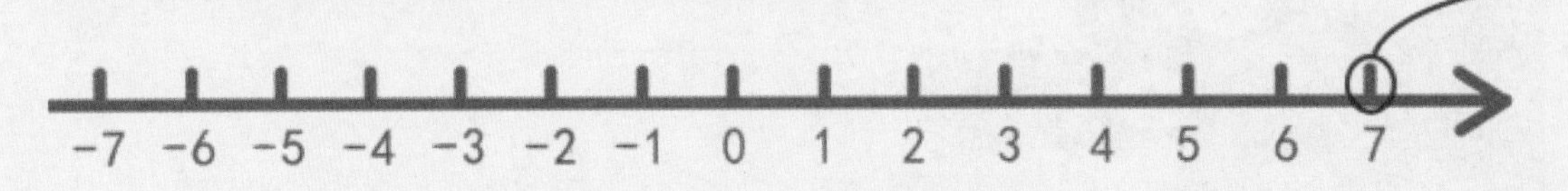

在“小于数字2”的数形成的区间中，包含了所有小于“2”的数字。

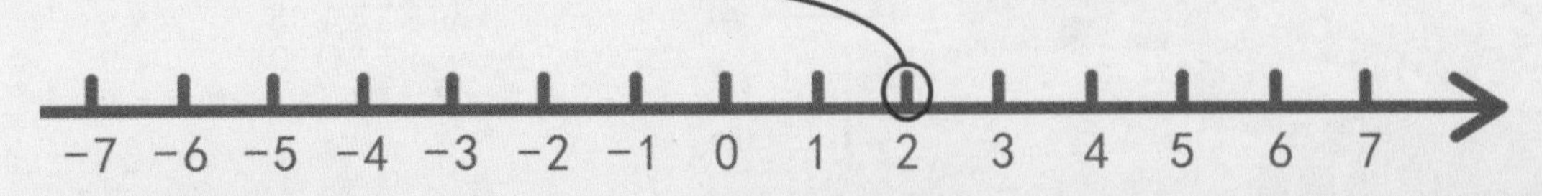

小岛主，你掌握上面的知识了吗？请将项目功能补充完整。

知识脑图

让我们一起来梳理，看看小岛主的知识技能提升了多少。

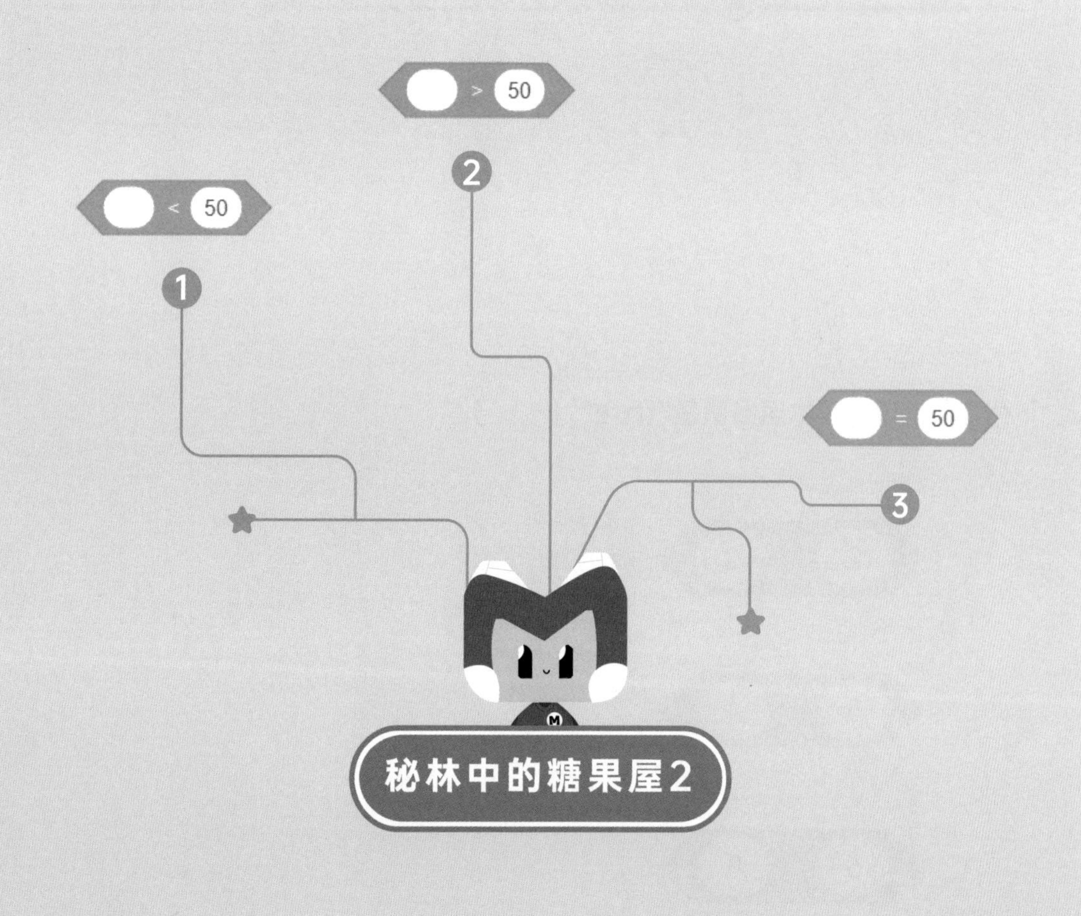

1. 下列数轴上表示的区间是什么（　　）

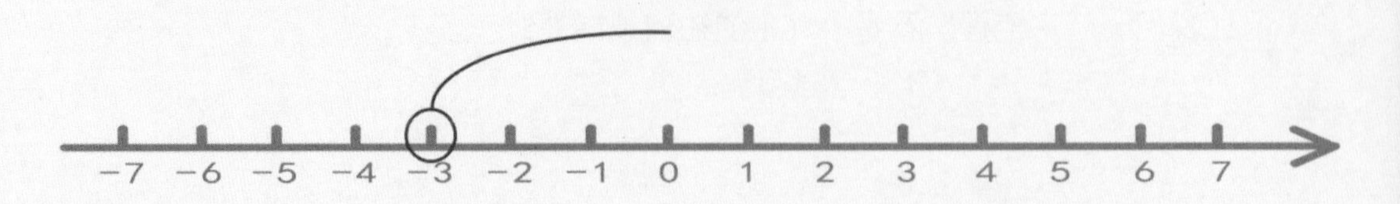

A.">-3"　　B."<-3"

C.">3"　　D."<3"

2. 下列哪个选项的积木返回值是"true"（　　）

A. 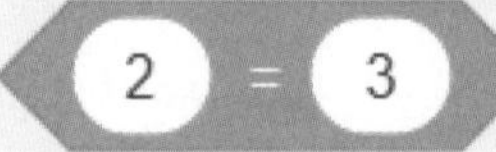

B. 

C. 

D. 

3. 编程实操：进入密码岛编程平台，登录账号完成课后训练。

准备工作：

背景：任意选择

角色：任意选择

实现功能：

1.制作一个空间循环的项目；

2.按下“→”键，角色向右走；

3.当角色走到舞台最右端时，又回到舞台最左端。

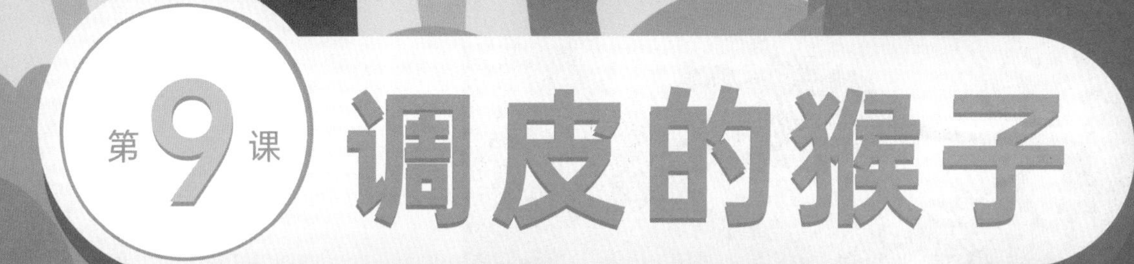

第9课 调皮的猴子

——计时器

今天，咪玛听到岛民说密码动物园有活动，而到达动物园需要穿过一片森林。为了参加活动，咪玛进入了森林中。突然间，一块香蕉皮从上空掉落，咪玛抬头一看，原来是一只调皮的猴子在捣乱。猴子高傲地对咪玛说："只要你能在20秒内都躲过我的香蕉皮，我就让你过去。"于是，咪玛开始了这场挑战。

我需要躲过猴子的香蕉皮的攻击才能穿过森林，快来帮帮我吧！

微信扫描二维码，预览本课作品的动态效果吧！

学习任务

想要实现本节课的项目，小岛主们需要掌握以下知识：

1.了解平台中内置的计时器，灵活配合运算积木作为条件语句；

2.学会按步骤模块编写脚本；

3.使用计时器清零清空计时器重新计数。

开始时猴子拿着香蕉皮站在树干内侧，向咪玛宣战；

猴子每隔2秒移动到树干上任意位置，然后扔下香蕉皮

咪玛面向鼠标并跟随鼠标在草地上左、右移动

挑战开始20秒内没被香蕉皮扔中则切换成功背景，如果被扔中则切换失败背景

小岛主，你能根据以下项目分析图自行完成实操吗？尝试一下吧！

1 咪玛在树下、猴子在树干上

2 猴子宣战并开始扔香蕉皮

3 咪玛躲香蕉皮

4 20秒后，咪玛胜利，则穿过森林（咪玛被扔中，失败）

动手实践

登录编程平台，开启你的创作之旅吧！

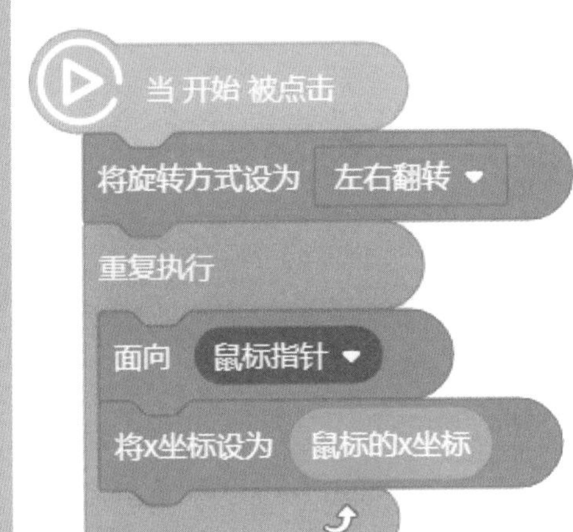

让咪玛一直面对着鼠标，并且鼠标的 x 坐标就是咪玛的 x 坐标，使咪玛只能左右移动

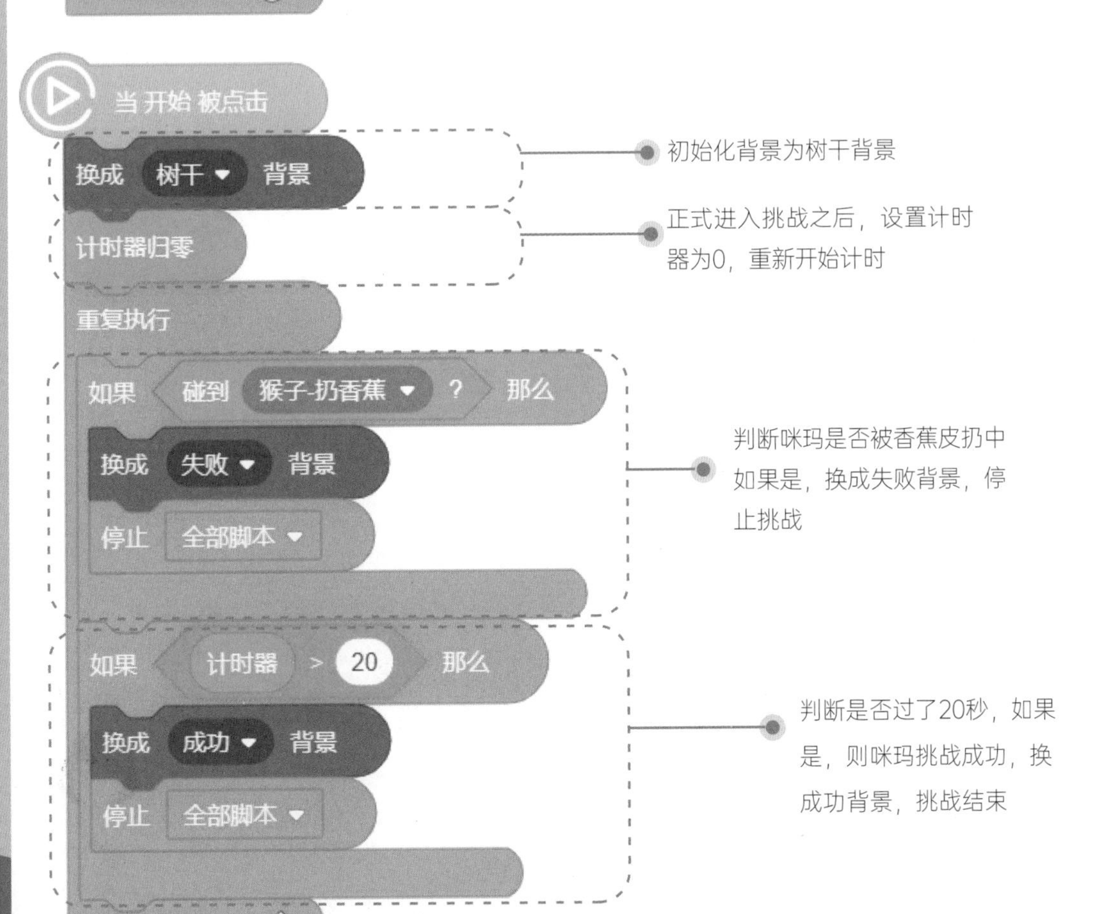

初始化背景为树干背景

正式进入挑战之后，设置计时器为0，重新开始计时

判断咪玛是否被香蕉皮扔中如果是，换成失败背景，停止挑战

判断是否过了20秒，如果是，则咪玛挑战成功，换成功背景，挑战结束

猴子-扔香蕉

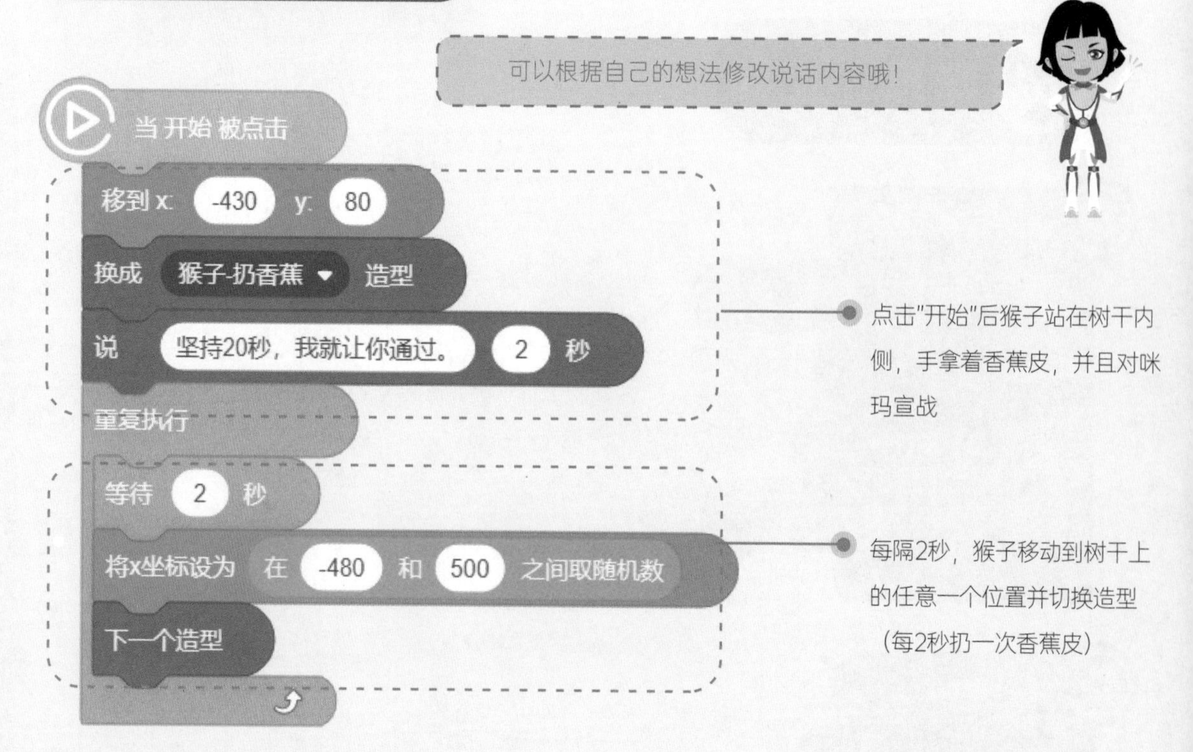

可以根据自己的想法修改说话内容哦！
当开始被点击
移到x: -430 y: 80
换成 猴子-扔香蕉 造型
说 坚持20秒，我就让你通过。 2 秒
重复执行
等待 2 秒
将x坐标设为 在 -480 和 500 之间取随机数
下一个造型
点击"开始"后猴子站在树干内侧，手拿着香蕉皮，并且对咪玛宣战
每隔2秒，猴子移动到树干上的任意一个位置并切换造型（每2秒扔一次香蕉皮）

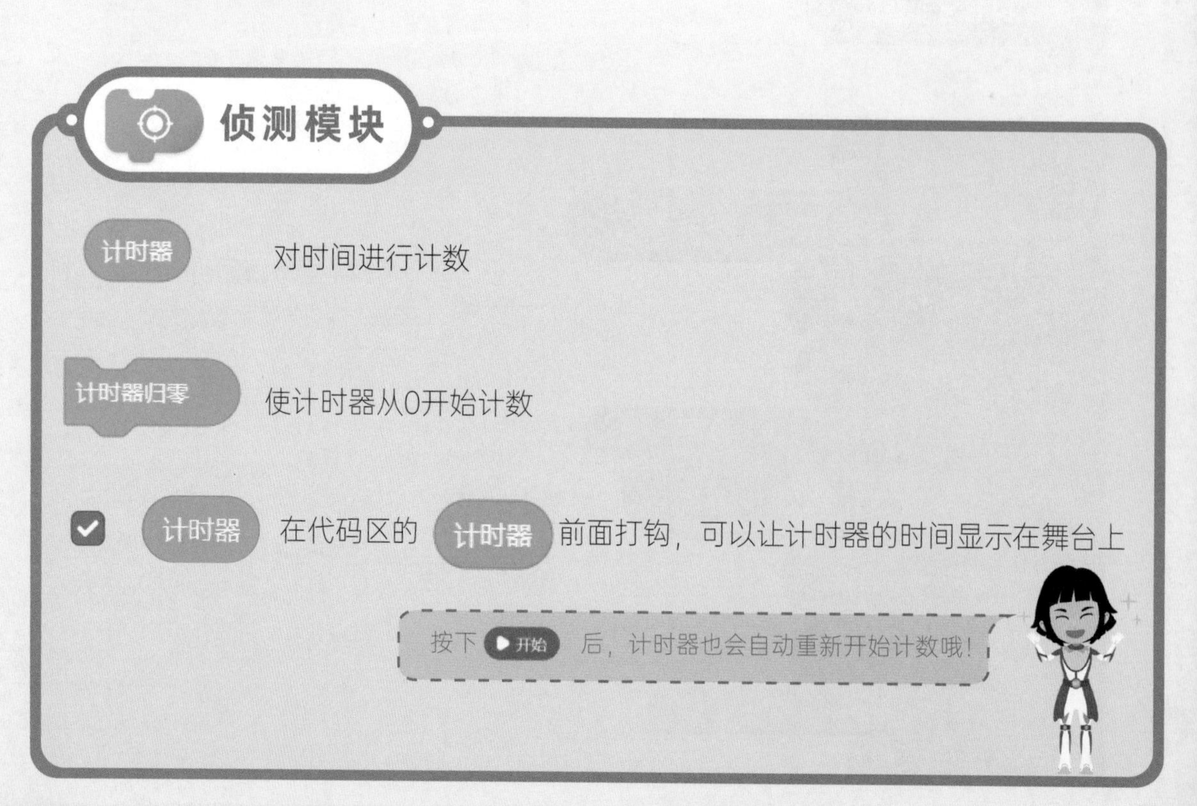

侦测模块
计时器
对时间进行计数
计时器归零
使计时器从0开始计数
计时器 在代码区的 计时器 前面打钩，可以让计时器的时间显示在舞台上
按下 开始 后，计时器也会自动重新开始计数哦！

计时器

计时器是一种对时间进行计数的工具。跑步考试时，体育老师会利用秒表来记录每位考生完成的时间，秒表的计时单位是秒。

码修是怎样把秒换成分的呢？

时间有固定的换算规则，在时钟上，秒针转一圈就是过了60秒，即1分钟；分针转一圈就是过了60分钟，即1小时。

1小时=60分钟

1分钟=60秒

小岛主，你掌握上面的知识了吗？请将项目功能补充完整。

知识脑图

让我们一起来梳理，看看小岛主的知识技能提升了多少。

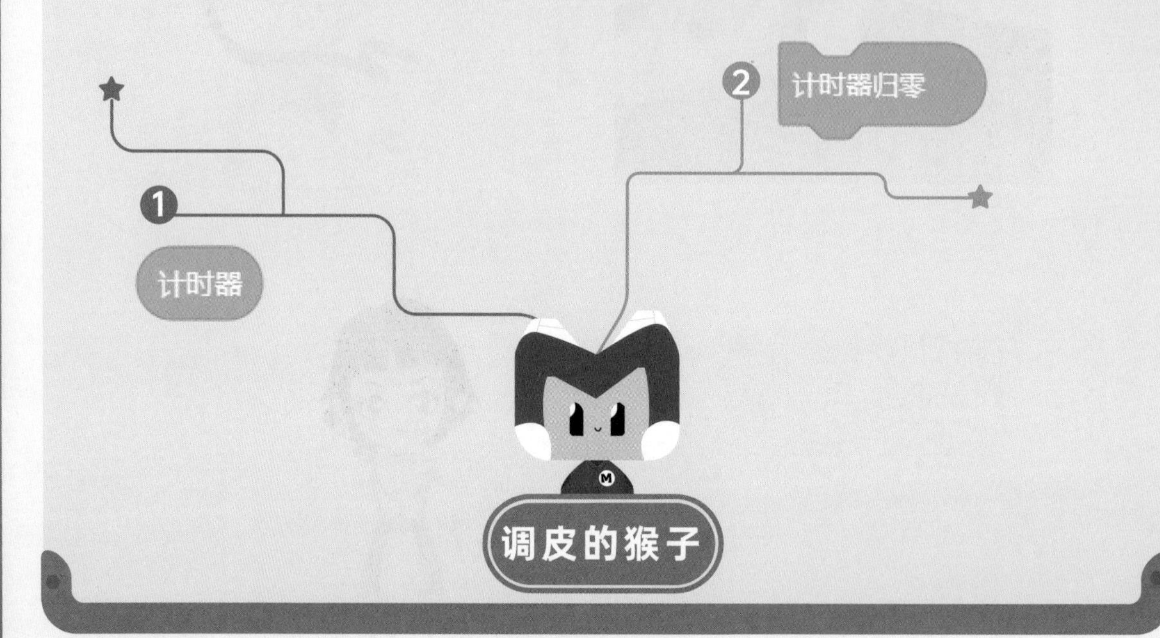

课后习题

1. 咪玛想让计时器重新开始计时，可以使用下列哪个积木（　　）

A. 全部擦除

B. 计时器归零

C. 广播 重新计时

D. 清除图形特效

2. 判断题，正确的打"√"，错误的打"×"：

点击"开始"之后，角色会移动10步。（　　）

3. 编程实操：进入密码岛编程平台，登录账号完成课后训练。

准备工作：

背景：

迷宫阵

角色：

灵伊 - 背面

实现功能：

1.点击"开始"之后，灵伊出现在迷宫阵的入口处，并且大小合适；

2.按方向键"↑""↓""←""→"控制灵伊上、下、左、右移动；

3.灵伊在20秒内到达终点。

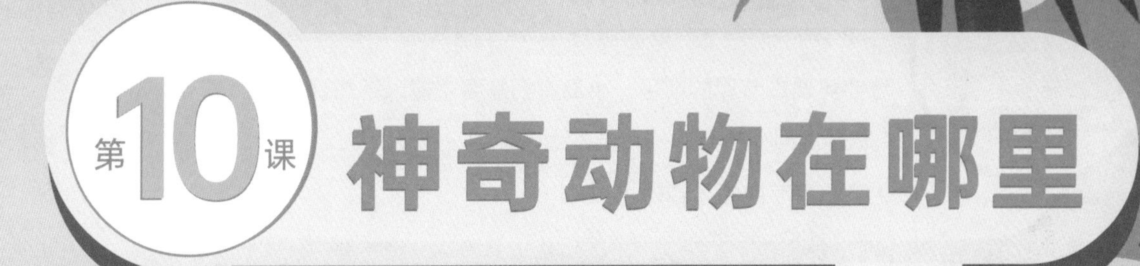

第10课 神奇动物在哪里

——交互设计

密码动物园正在举行动物知识竞赛，园长鼓励岛民们都去参加。园长会展示动物的剪影，只要可以正确回答出所有动物的名称，就能够获得动物园的门票。竞赛现场人山人海，赛场下，参与者们都纷纷举起自己的双手，争取每一次答题机会。

动物知识竞赛已经开始了，一起来猜出动物的名称争取动物园门票吧。

微信扫描二维码，预览本课作品的动态效果吧！

学习任务

想要实现本节课的项目，小岛主们需要掌握以下知识：

1.掌握询问积木与回答积木的组合使用；

2.了解程序的输入和输出。

舞台中随机出现动物的造型阴影

提问动物种类，玩家输入回答后，阴影图案变亮，并提示玩家前面输入的回答

玩家根据问题，在框中输入自己的答案

小岛主，你能根据以下项目分析图自行完成实操吗？尝试一下吧！

1 随机出现动物的阴影图案

2 玩家对动物阴影图案进行猜测并填写答案

3 答案揭晓，提示玩家的答案

动手实践

登录编程平台，开启你的创作之旅吧！

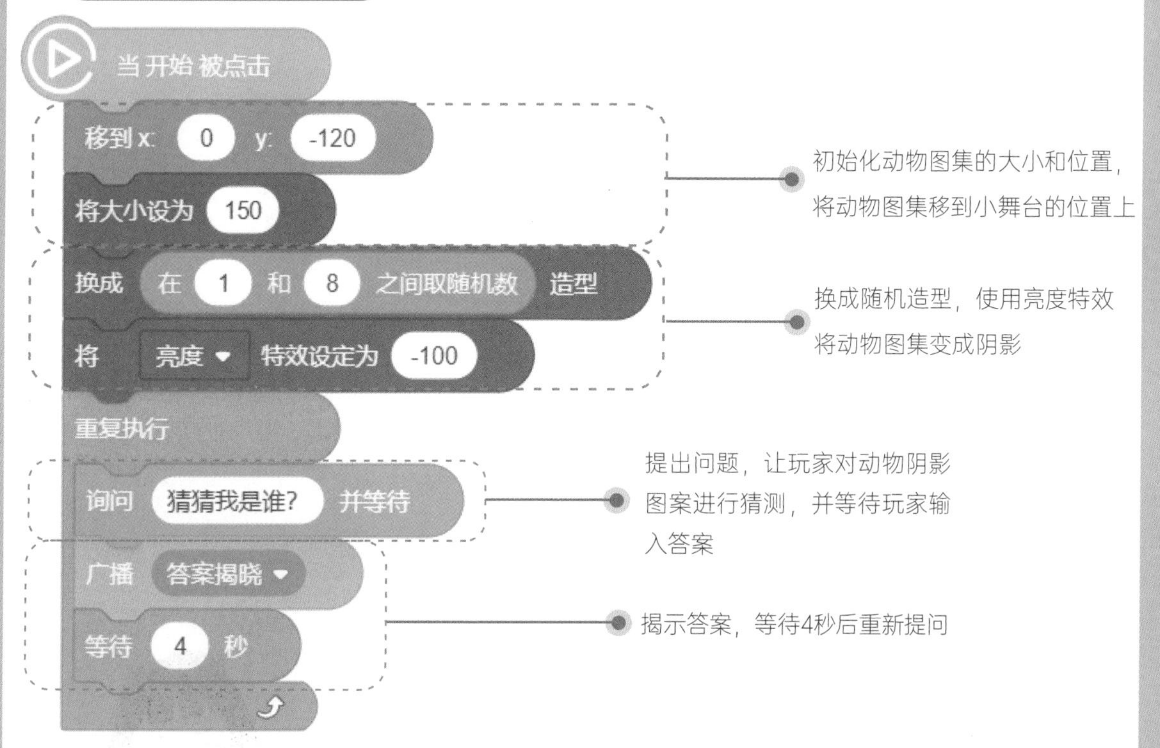

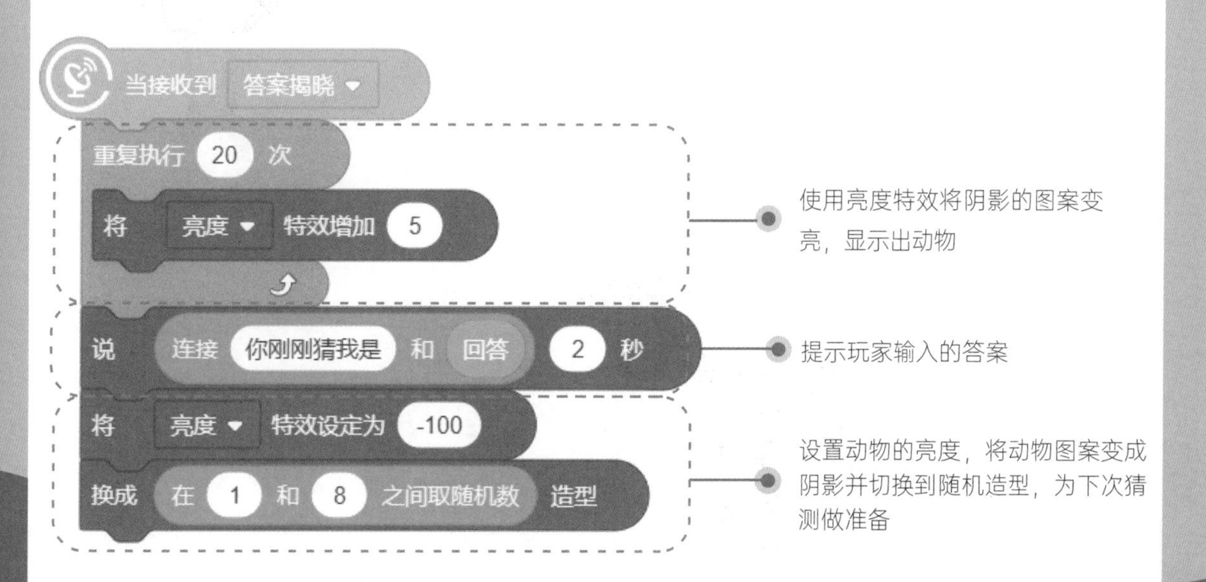

侦测模块

询问 你叫什么名字? 并等待

- 实现用户和角色之间的交互
- 角色说出积木中的内容并在舞台下方弹出一个输入框，用户将答案填写其中

回答

- 存储用户输入的内容
- 像纸张一样，用户的答案便记录在其中，其本质为变量，属于编辑平台内置的变量

交互设计

想一想：生活中有哪些交互方式呢？

语言交流：

肢体动作：

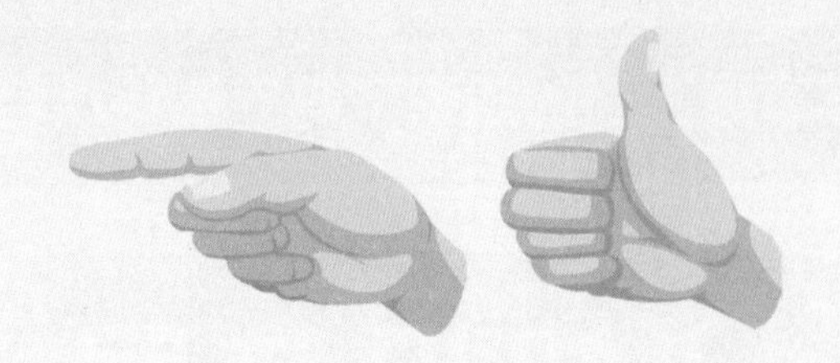

人与电脑的交互：

人机交互是研究系统与用户之间的互动。最常见的人机交互方式，就是使用鼠标和键盘对电脑进行输入操作，而电脑就会通过显示器、音响等设备对我们输入的内容做出反馈。除了鼠标和键盘之外，还有一些更加高级的交互方式，如语音交互、视频交互等。

手机中的人工智能助手，能够自主回答我们提出的问题。

小岛主，你掌握上面的知识了吗？请将项目功能补充完整。

知识脑图

让我们一起来梳理，看看小岛主的知识技能提升了多少。

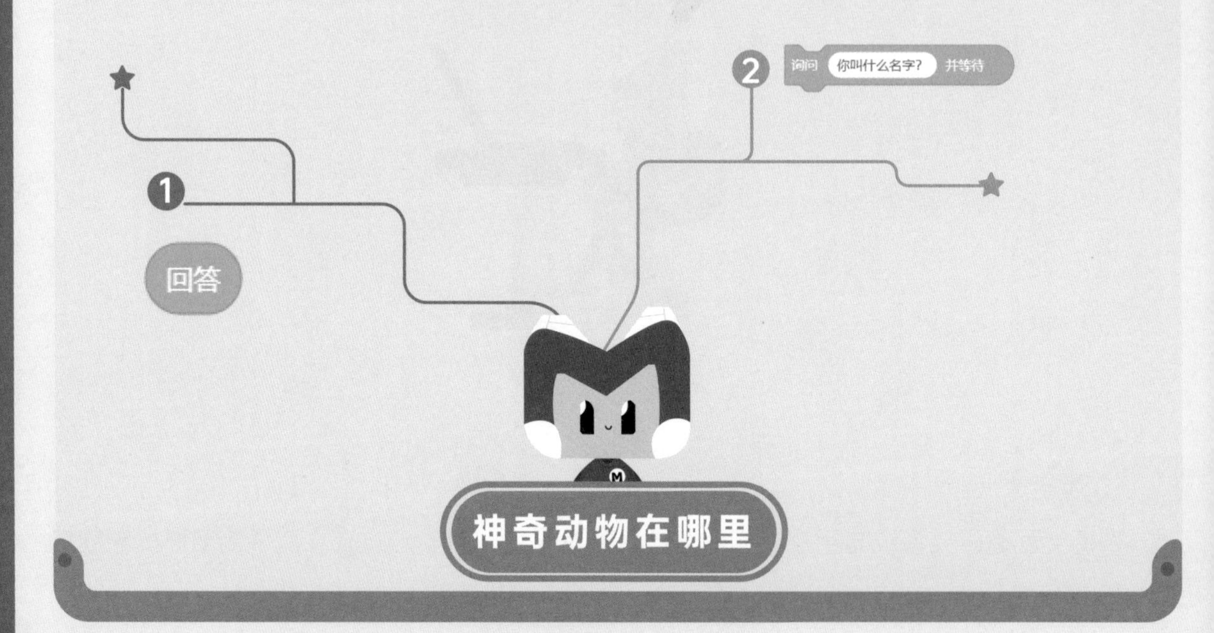

课后习题

1. 询问 你叫什么名字? 并等待 积木属于以下哪一类（　　）

A.控制　　B.侦测

C.运算　　D.外观

2. 以下脚本运行后，应该输入以下哪个数字，角色才有可能说正确（　　）

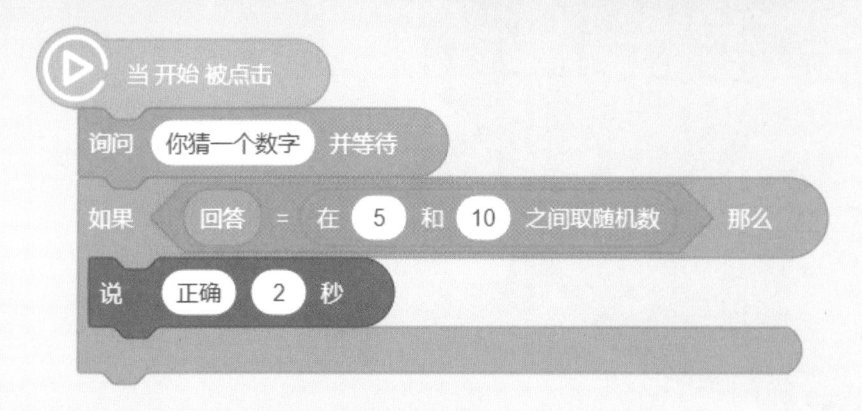

A.2　　　　B.9　　　　C.16　　　　D.20

3. 编程实操：进入密码岛编程平台，登录账号完成课后训练。

准备工作：

背景：

城堡门

角色：任意选择人物

实现功能：

1.点击"开始"后，角色说："请输入城堡密码"；

2.如果用户输入密码，角色就说："欢迎主人回家，您输入的密码为******。"

第11课 赛跑冲刺

——字符

动物知识竞赛已经结束，很多同学都拿到了园长给的门票。灵伊他们拿着动物园的门票来到了密码岛动物园，正巧密码岛动物园中有很多小动物在比赛跑步，就差最后冲刺的路段了。灵伊他们赶紧来到跑道旁观看选手们最后的冲刺，看看谁用的时间最短，并获得第一名。

选手们来到冲刺路段开始进行冲刺了，一起来看看它们谁用的时间最短。

微信扫描二维码，预览本课作品的动态效果吧！

学习任务

想要实现本节课的项目，小岛主们需要掌握以下知识：

1. 学习字符串的操作，即字符串的获取、拼接等；
2. 通过对字符串的操作实现有趣的作品吧。

提示当前玩家：冲向终点选手的序号和比赛所用的时间

不同运动选手从舞台右侧冲刺到终点

小岛主，一起来尝试对项目步骤进行分析拆解吧！

1. 欢迎玩家来到动物园
2. 选手们在冲刺路段
3. 选手们陆续跑向终点
4. 播报各选手到达终点的时间

动手实践

登录编程平台，开启你的创作之旅吧！

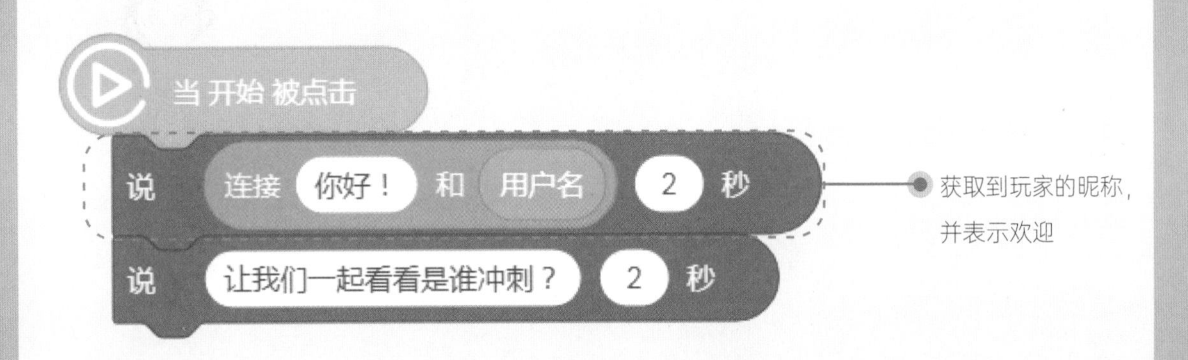

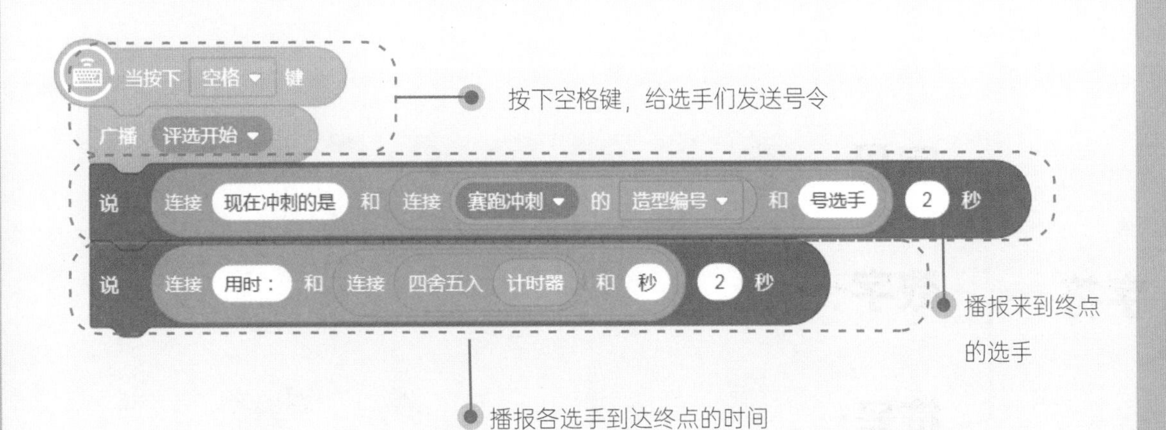

运算模块

连接 苹果 和 香蕉 ● 将左、右两个空位内的字符连接在一起了

上图所示积木结果为"苹果香蕉"。

除了能连接两串字符，也可以使用它连接更多的字符，只需要互相嵌套就可以。

例如，连接 连接 苹果 和 香蕉 和 连接 苹果 和 香蕉 表示连接4串字符串，

运行后的结果就是"苹果香蕉苹果香蕉"。

小岛主，还记得变量的积木吗？我们也可以把变量嵌入到空位里哦！例如：连接 名字 和 称号

字符

字符是指对电子计算机或无线电通信中字母、数字、符号的统称。包括字母、数字、运算符号、标点符号和其他符号，以及一些功能性符号。

如下图所示：

字符
- 字母：A B C D E F G
- 数字：4 3 2 1 0
- 符号：? ! ✔ ✘

设置大小和位置、造型以及状态，将赛跑冲刺角色设置在冲刺路段上并隐藏

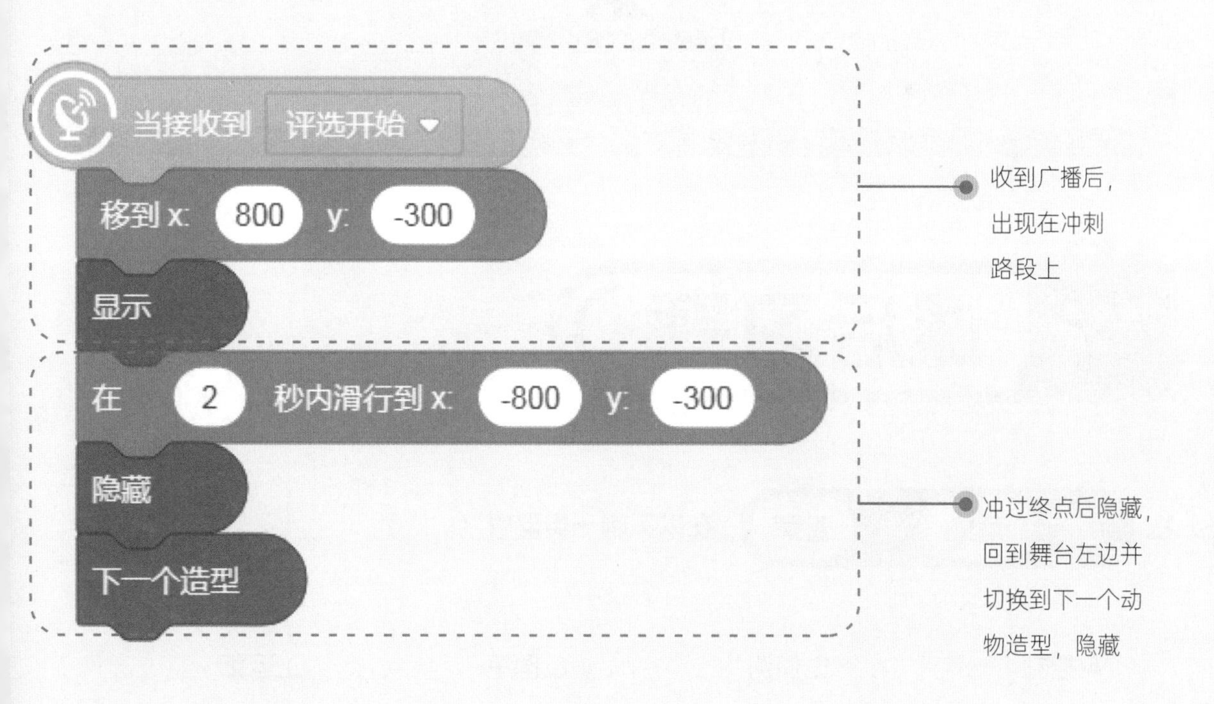

收到广播后，出现在冲刺路段上

冲过终点后隐藏，回到舞台左边并切换到下一个动物造型，隐藏

小岛主，你掌握上面的知识了吗？请将项目功能补充完整。

知识脑图

让我们一起来梳理，看看小岛主的知识技能提升了多少。

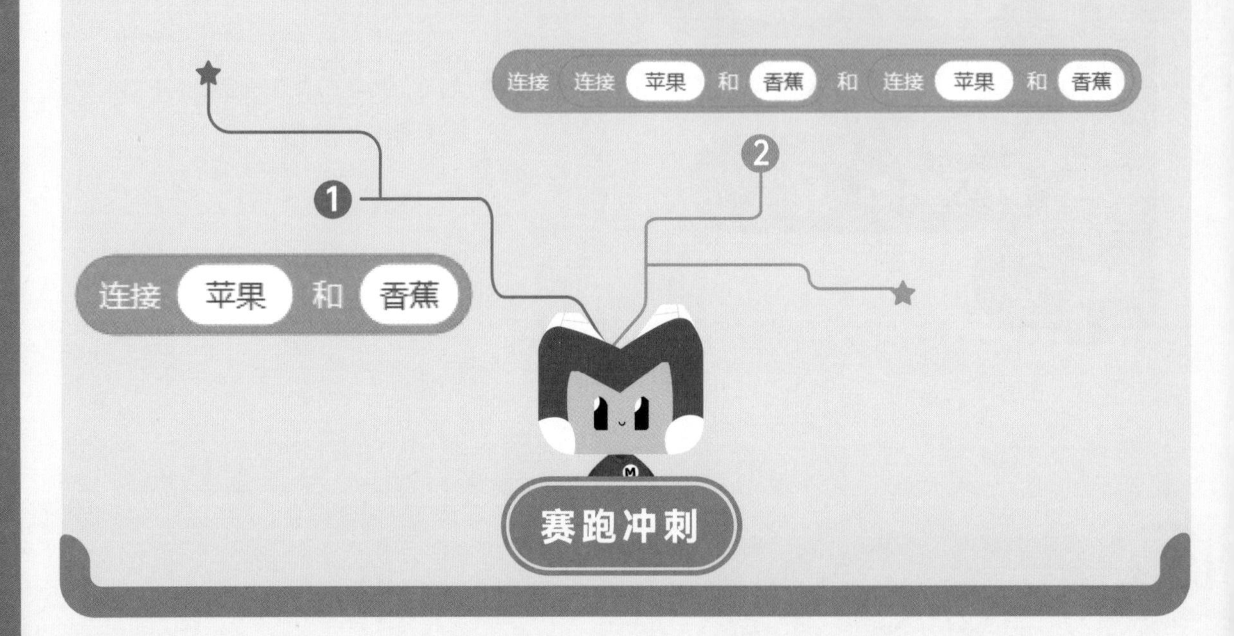

课后习题

1. 

在以下哪一类型中（ ）

A.控制　　B.侦测　　C.画笔　　D.运算

2. **判断题，正确的打"√"，错误的打"×"：**

字符串连接积木块可以连接字母、数字、符号和文字。（　　）

3. **编程实操：进入密码岛编程平台，登录账号完成课后训练。**

准备工作：

背景：任意选择

角色：

咪玛 - 正面

实现功能：

1.点击"开始"时，咪玛跟玩家打招呼，显示玩家昵称；

2.咪玛提示：计时开始，并一直显示计时时间。

第12课 活泼的向日葵

——克隆

咪玛他们来到了种满向日葵的公园，正值夏日，花园里开满了艳丽的向日葵。咪玛发现向日葵的朝向一直朝着太阳，不禁好奇地问码修："是因为向日葵一直朝着太阳所以叫向日葵吗？"码修回答道："没错，它还有一个名字叫朝阳花。"

向日葵又称为朝阳花，让我们一起描绘出向日葵美丽的姿态吧。

微信扫描二维码，预览本课作品的动态效果吧！

学习任务

想要实现本节课的项目，小岛主们需要掌握以下知识：

1. 认识平台中关于克隆的相关积木;
2. 了解克隆体能够继承本体的一些属性;
3. 能够分清楚本体与克隆体之间的区别。

解密玩法

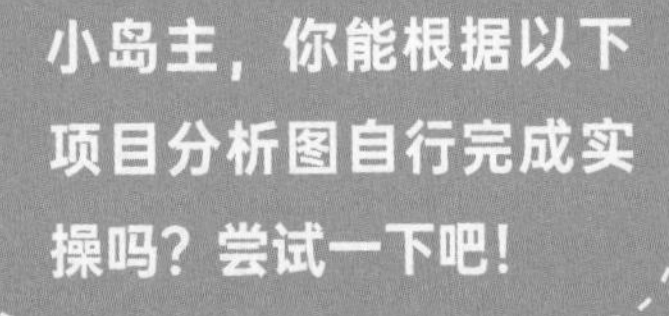

小岛主，你能根据以下项目分析图自行完成实操吗？尝试一下吧！

1. 太阳灵活地移动
2. 花园里有很多向日葵
3. 向日葵一直朝向太阳

动手实践

登录编程平台，开启你的创作之旅吧！

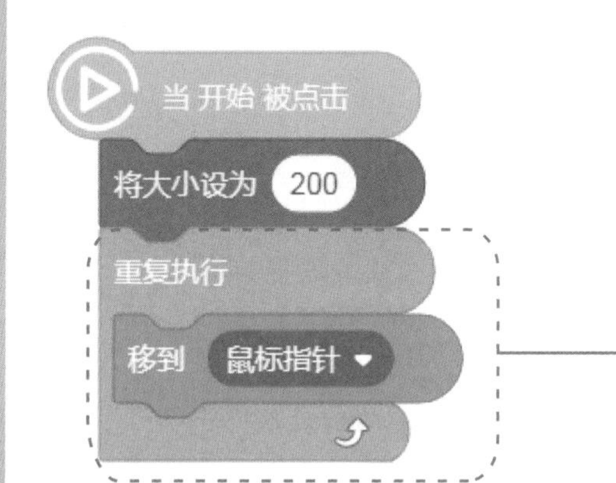

向日葵花

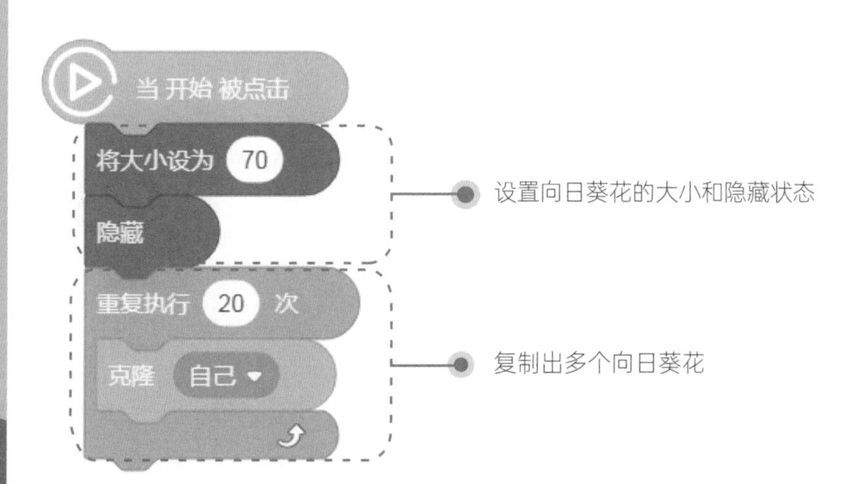

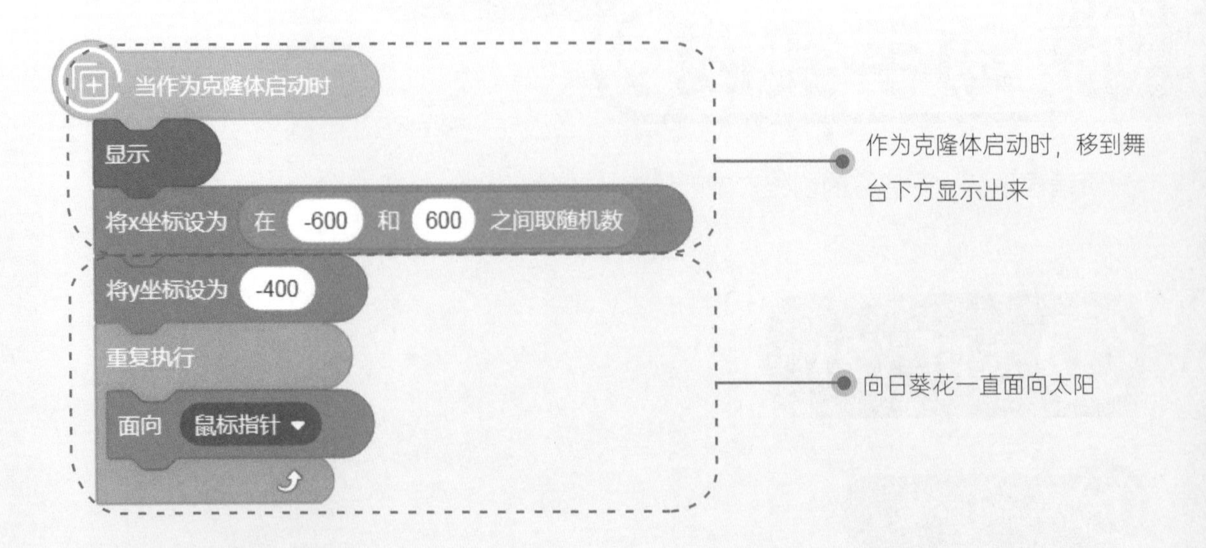

事件模块

克隆 自己

● 可以将一个角色复制成多个一模一样的角色

本体：被复制的原角色

克隆体：复制出来的角色

当作为克隆体启动时

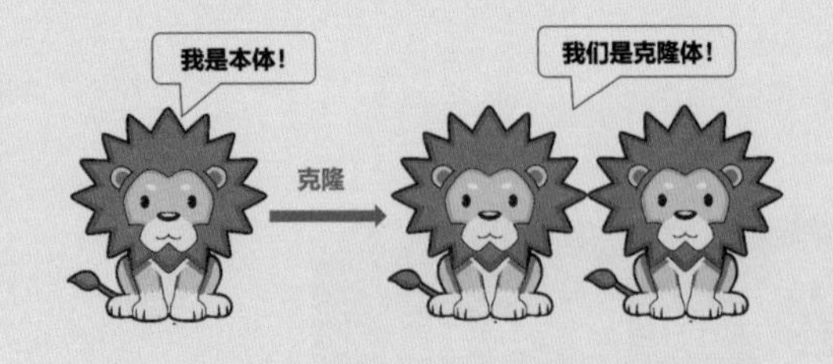

● 启动克隆体的积木

当我们想要对克隆体进行操作的时候使用。

在密码岛编辑平台中，克隆体会复制本体（原角色）的基本属性，包括位置、大小等。

删除此克隆体

● 删除掉多余的克隆体

主要用于克隆出太多个克隆体或是克隆体程序执行完毕的情况。

生物克隆的应用

克隆是指生物体通过体细胞进行无性繁殖，“拷贝”出基因完全一样的个体。克隆羊“多莉”就是通过已经分化的成熟体细胞（乳腺细胞）克隆出来的。

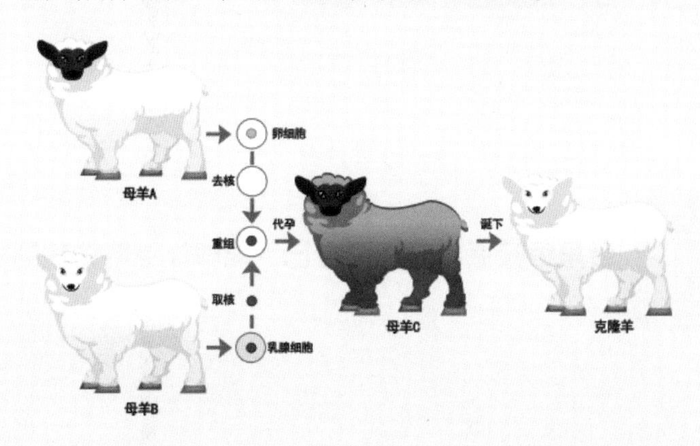

小岛主，你掌握上面的知识了吗？请将项目功能补充完整。

知识脑图

让我们一起来梳理，看看小岛主的知识技能提升了多少。

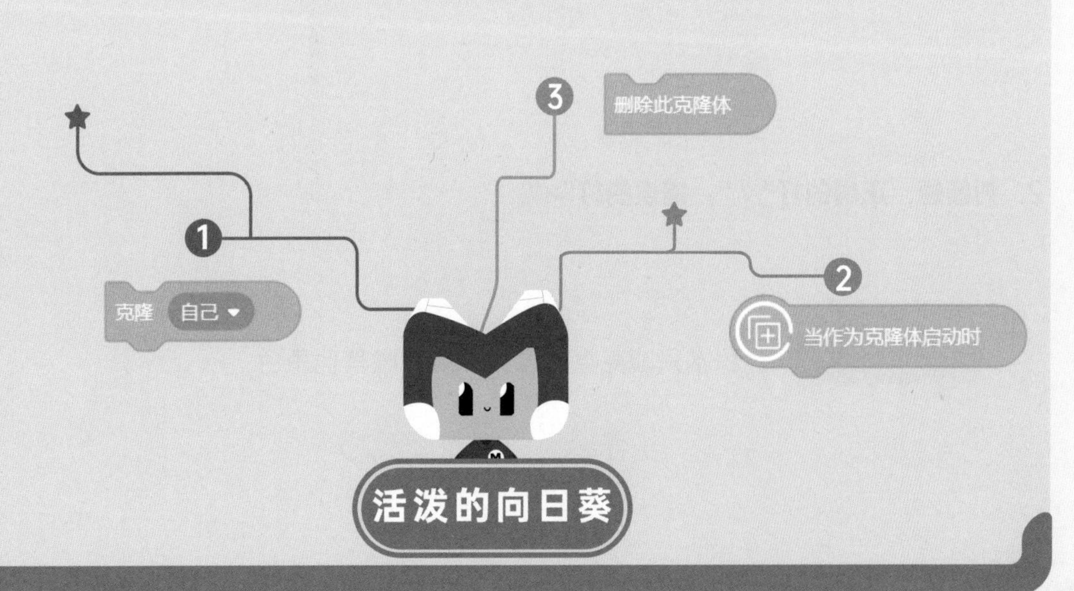

课后习题

1. 当角色被点击 克隆 自己 当角色被点击时克隆自己，能够让克隆体移到随机位置的是（　　）

A. 当作为克隆体启动时 在 1 秒内滑行到 随机位置

B. 当 开始 被点击 在 1 秒内滑行到 随机位置

C. 当角色被点击 在 1 秒内滑行到 随机位置

D. 当按下 空格 键 在 1 秒内滑行到 随机位置

2. 判断题，正确的打"√"，错误的打"×"。

克隆 自己 积木只能克隆自己，不能克隆其他角色。（　　）

3. 编程实操：进入密码岛编程平台，登录账号完成课后训练。

准备工作：

背景：

冬 - 雪人

角色：

雪花

实现功能：

1.通过克隆方法让雪花在舞台上方随机出现，并慢慢飘落；

2.当雪花接触到舞台下方时消失。

第13课 密室逃脱

——程序的停止

咪玛和朋友们正在挑战岛上著名的密室，进入密室后的他们发现周围一片漆黑，只能微弱地看到远处有绿色的光芒，等他们走近时发现原来是一个绿色按钮，咪玛好奇地按下了按钮，瞬间密室变明亮了，通道出现了。咪玛沿着道路，顺利走到了扫描机关处。就在这时，咪玛不小心碰到了扫描机关，只见密室瞬间恢复黑暗，通道也消失了，咪玛只能重新回去触碰按钮。试了几次之后，他们终于到达终点，获得了胜利。

尝试触碰按钮，沿着道路前行并躲避扫描圈，否则会一直被困在密室之中哦！

微信扫描二维码，预览本课作品的动态效果吧！

学习任务

想要实现本节课的项目，小岛主们需要掌握以下知识：

平时我们都是按开始或停止按钮来控制游戏的开始和停止的，这节课，一起来学习通过积木控制程序的停止吧。

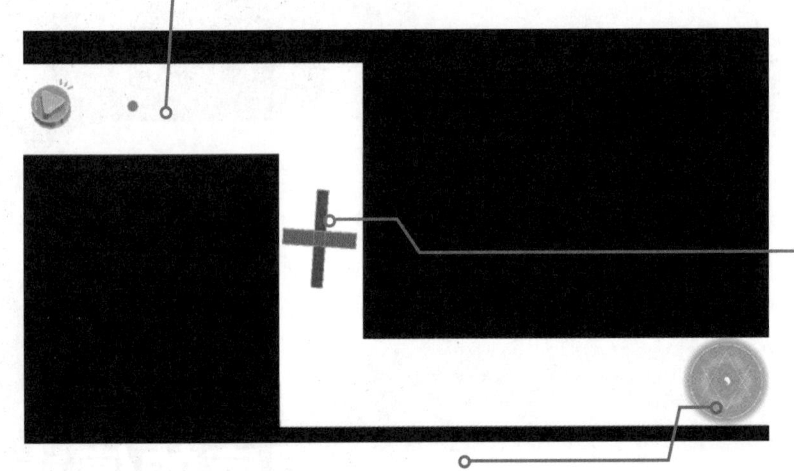

小岛主，你能根据以下项目分析图自行完成实操吗？尝试一下吧！

1 触碰按钮出现通道

2 碰到扫描圈和黑色墙，密室恢复黑暗

3 到达传送阵获得胜利

动手实践

登录编程平台，开启你的创作之旅吧！

人物一直跟着鼠标移动

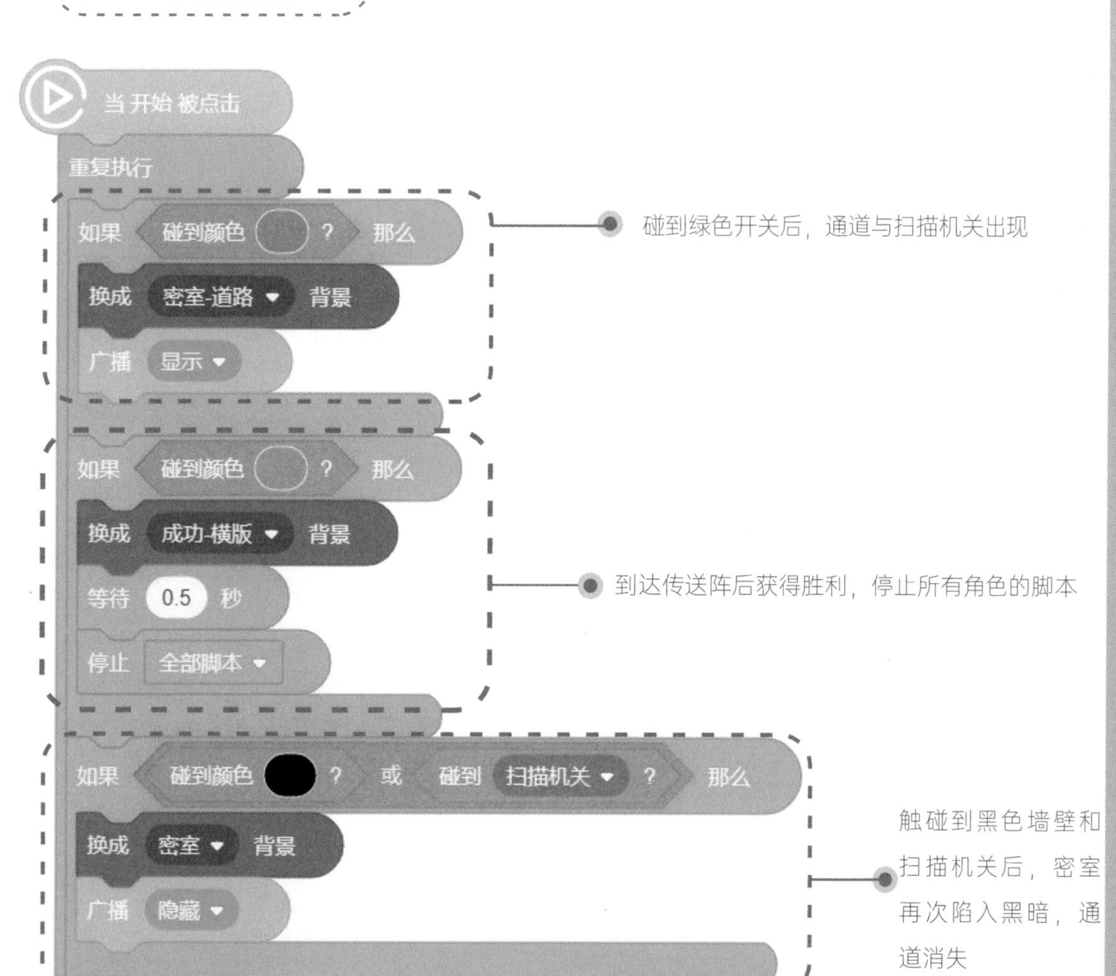

控制模块

停止 全部脚本

- 使所有正在执行中的积木停止运行，整个程序会完全停下来

点击 可选择列表中其他对象

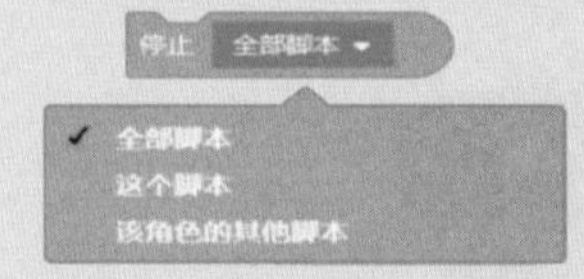

停止 这个脚本

- 可以停止使用该积木的那组脚本的运行

停止 该角色的其他脚本

- 可停止使用该积木脚本外的其他脚本（针对的是当前角色的脚本）

程序的停止

程序在启动时，会自上而下执行积木，在遇到分支的时候会往满足条件的一边往下执行直到程序被执行完。在没有遇到控制程序停止的积木或人为手动点击停止时，程序都会按照我们预设好的脚本往下执行。

扫描机关

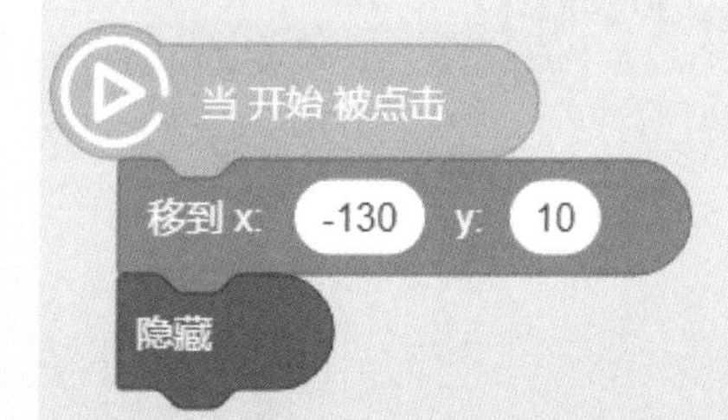

初始化时移到通道中位置隐藏，等待碰到绿色按钮后才显示出现

当按下按键后，扫描机关显示出现，并开始旋转

密室通道消失时扫描机关消失

获取成功后扫描机关隐藏

小岛主，你掌握上面的知识了吗？请将项目功能补充完整。

知识脑图

让我们一起来梳理，看看小岛主的知识技能提升了多少。

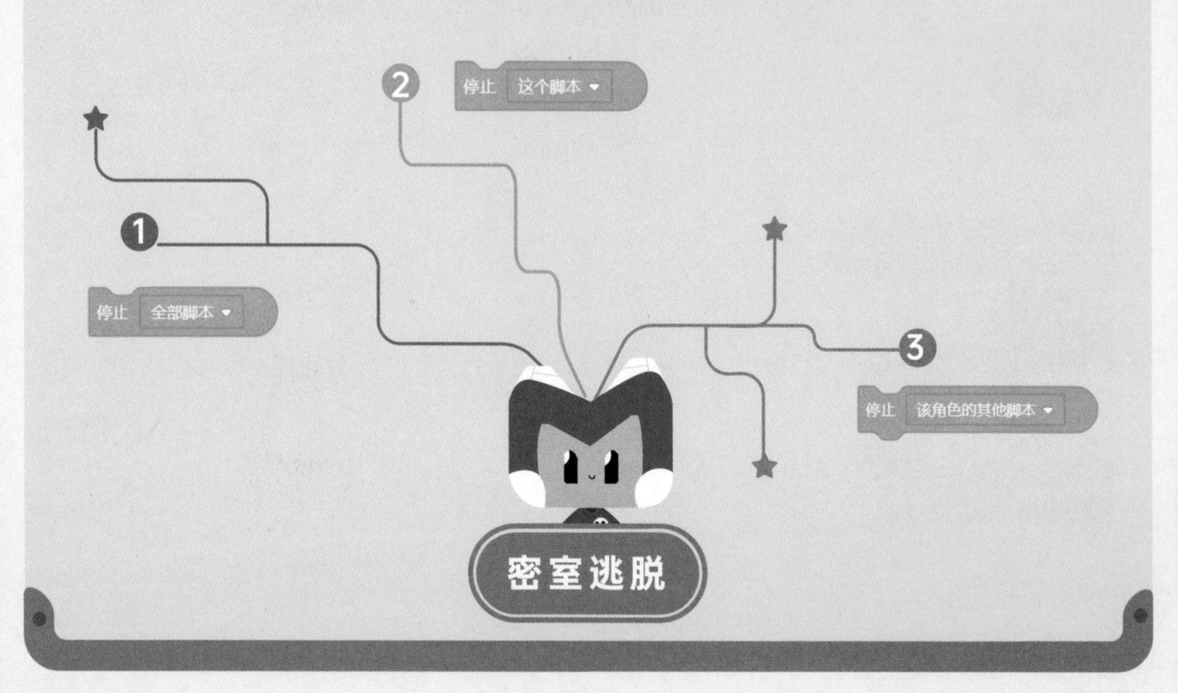

1. 以下哪块积木可以跨越到其他角色（　　）

A. 停止 全部脚本　　B. 停止 这个脚本　　C. 停止 该角色的其他脚本

2. 判断题，正确的打"√"，错误的打"×"：

如果想要停止全部脚本的运行可以使用 停止 全部脚本 ▾ 来实现。（　　）

3. 编程实操：进入密码岛编程平台，登录账号完成课后训练。

准备工作：

背景：任意选择

角色：

码修 - 侧面 - 指

巴哥 - 侧头 - 疑惑

实现功能：

1.点击"开始"后，码修正在练习变装魔法；

2.巴哥走过来叫码修去踢足球，码修停下魔法的练习，然后朝巴哥走过去。

第14课 自制汉堡

——图层

铃铃……早晨的闹钟响起，码修神采奕奕地从床上起来，洗漱完后，码修把咪玛送给自己的自制早餐器拿了出来，听咪玛说它可以把各种食材放进去，点击选择自己喜欢的配料，选择完后点击"确认"就可以做成一个汉堡。码修决定试试，自己动手做一顿早餐。

选择不同的材料来制作一份属于自己的早餐吧。

微信扫描二维码，预览本课作品的动态效果吧！

学习任务

想要实现本节课的项目，小岛主们需要掌握以下知识：

1. 你知道什么是图层吗？一起来了解图层的概念和操作；
2. 平台中是如何编辑图层的呢？一起来了解平台中关于图层的编辑吧！

移到舞台上方，不停地变换食材

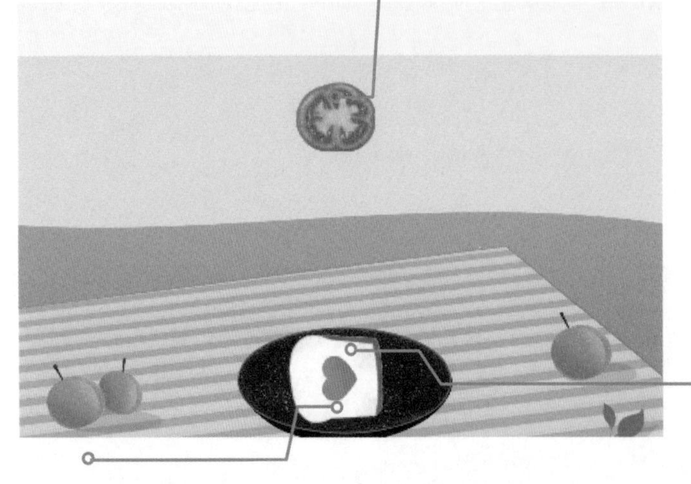

开始时移到舞台下方，当按下空格键时克隆自己

作为克隆体启动时，移到舞台的上方，从舞台上方掉落到舞台下方的面包上，每种食材掉落都覆盖在前一种食材上

小岛主，你能根据以下项目分析图自行完成实操吗？尝试一下吧！

1. 舞台上方的食材不停地变换
2. 准备投放食材
3. 食材掉落后不停叠加

动手实践

登录编程平台，开启你的创作之旅吧！

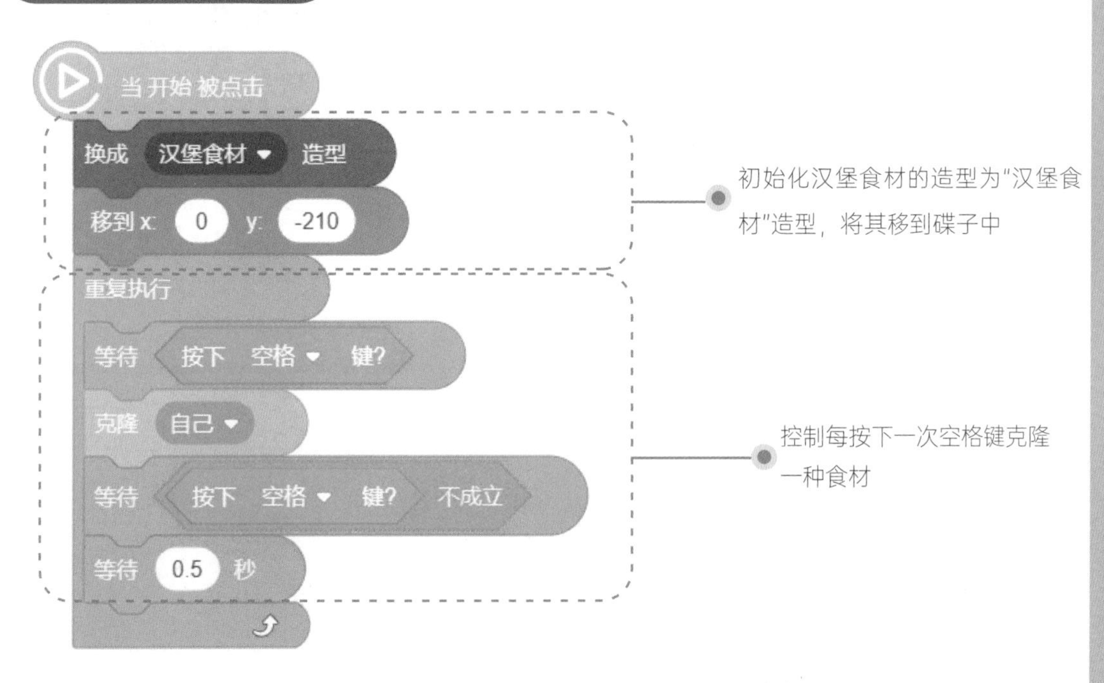

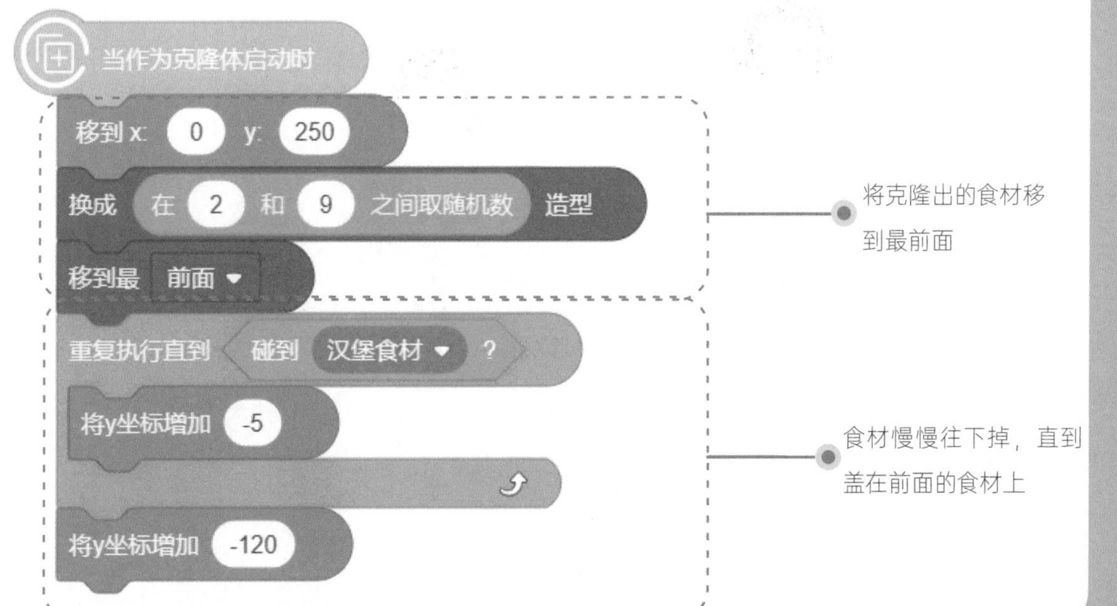

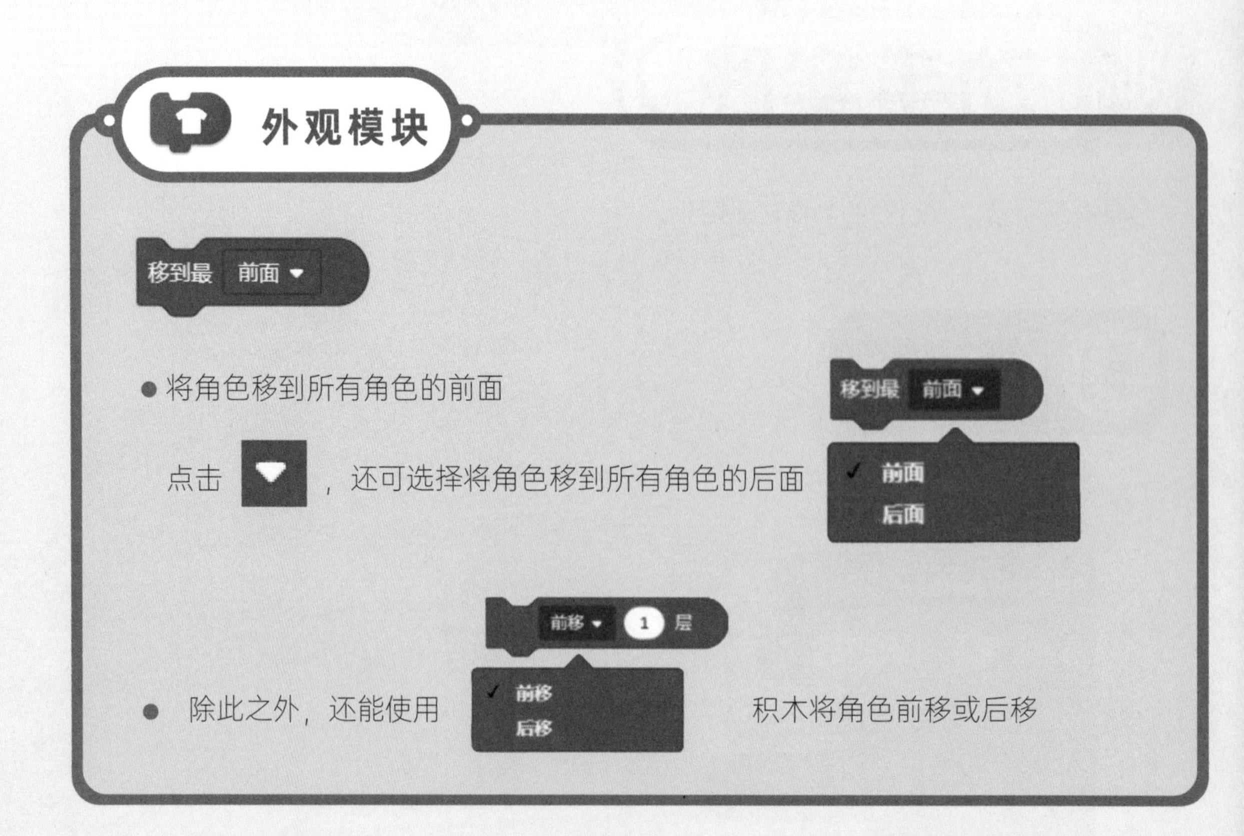

图层

上图中共有两个图层，分别为灵伊和隔板，且灵伊在隔板后面。

如果想让灵伊从隔板后面移到前面来，我们可以让灵伊前移一个图层，这样她就跨过隔板移到前面来了。

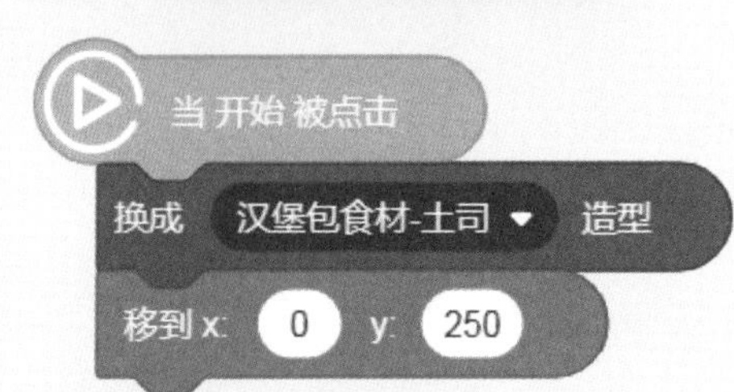

初始化汉堡食材2的造型，移到碟子的上方

不断地切换食材造型，营造出食材可选的效果

小岛主，你掌握上面的知识了吗？请将项目功能补充完整。

知识脑图

让我们一起来梳理，看看小岛主的知识技能提升了多少。

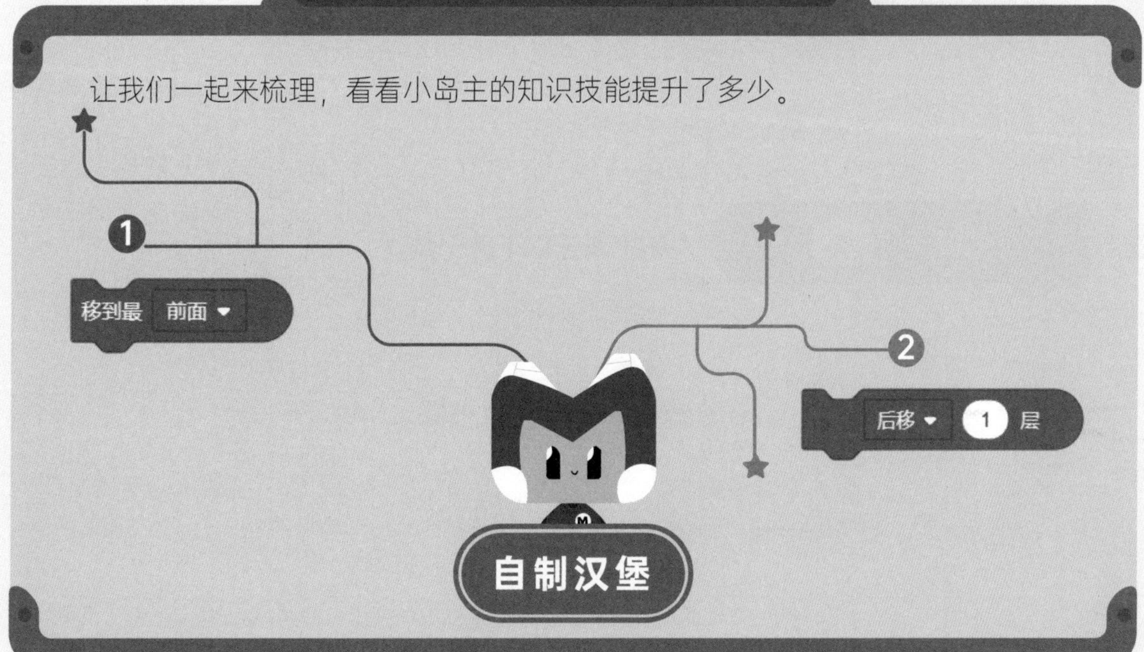

1. 想要将角色移到最前面，应该用以下哪个积木（　　）

A. 移到最 前面

B. 后移 1 层

C. 下一个造型

D. 下一个背景

2. 后移 1 层 积木属于以下哪一类（　　）

A.事件　B.运动　C.外观　D.侦测

3. 编程实操：进入密码岛编程平台，登录账号完成课后训练。

准备工作：

背景：

漂流峡谷

角色：

游船

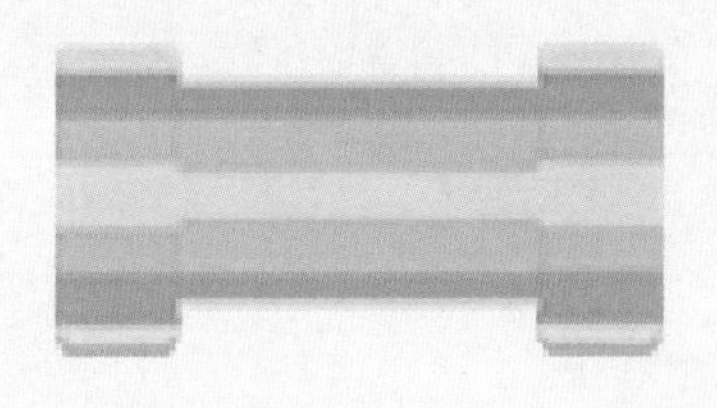

水管

实现功能：

游船从峡谷下方往上游，穿过横着的水管之后游到峡谷上方。

第15课 来自海底的新朋友

——3D特效

大家在草地上开心地聊着天，正在这个时候，灵伊气喘吁吁地跑过来说："我这有密码营地科技馆的入场券，正好今天没有什么事情，我们一起去看看吧！"大家都同意了。他们来到密码营地科技馆，里面的景象让他们非常震惊。他们来到3D体验馆，只见一只海豚从海底破镜而出，吓得咪玛赶紧后退。大家都笑咪玛被这一景象吓坏了，原来这是3D特效。

3D特效是如何呈现的呢？让我们一起来感受一下吧。

微信扫描二维码，预览本课作品的动态效果吧！

学习任务

想要实现本节课的项目，小岛主们需要掌握以下知识：

1. 掌握图层在编辑平台中的应用；
2. 应当学会使用图层来实现3D酷炫的效果。

海豚从舞台右上方往前游动冲出舷窗

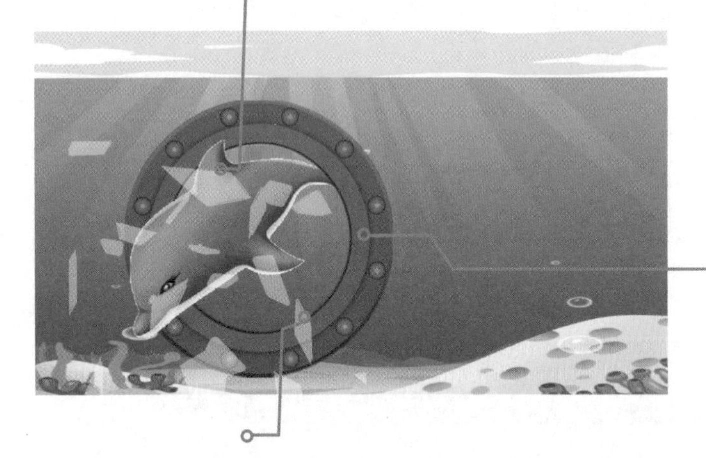

设置舷窗右半部分在海豚前面，左半部分在海豚后面，体现海豚穿过舷窗的效果

玻璃出现裂痕，且裂痕慢慢变严重，最终被海豚冲破

解密玩法

小岛主，你能根据以下项目分析图自行完成实操吗？尝试一下吧！

1. 海豚往前游动
2. 海豚撞击舷窗玻璃
3. 船窗玻璃被海豚冲破

动手实践

登录编程平台，开启你的创作之旅吧！

海豚

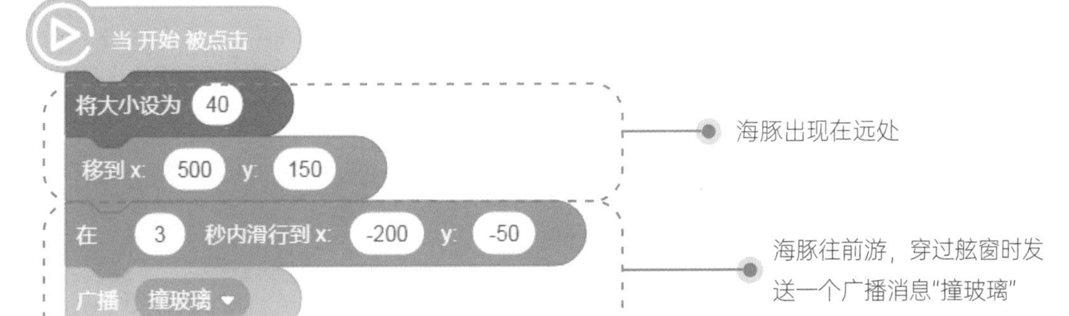

海豚出现在远处

海豚往前游，穿过舷窗时发送一个广播消息"撞玻璃"

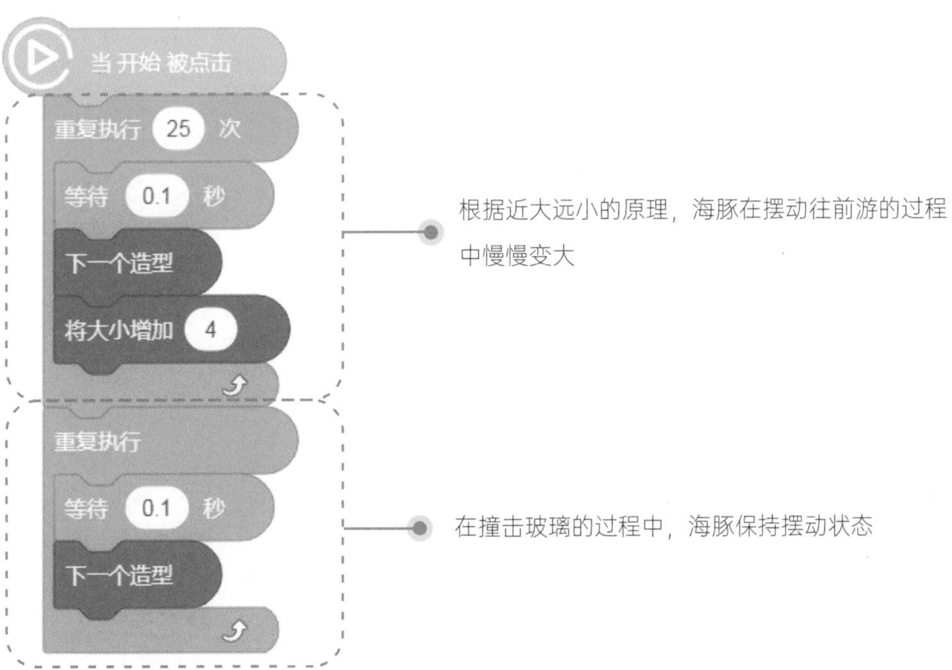

根据近大远小的原理，海豚在摆动往前游的过程中慢慢变大

在撞击玻璃的过程中，海豚保持摆动状态

当玻璃完全破碎，接收到广播消息"隐藏"时，海豚隐藏

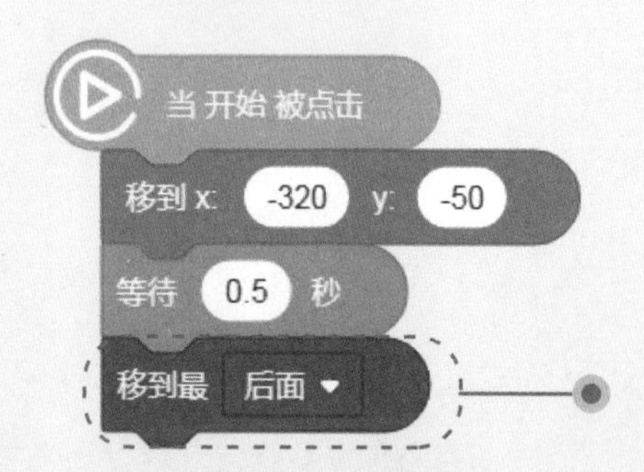

将左舷窗移到后面，使左舷窗和右舷窗形成一个闭环，让海豚可以从中间穿过

当玻璃完全破碎时，接收到广播消息“隐藏”，左舷窗隐藏

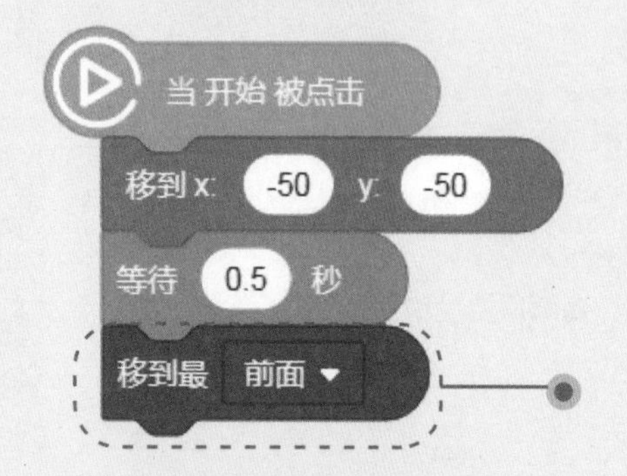

将右舷窗移到前面，左舷窗和右舷窗形成一个闭环，让海豚可以从中间穿过

当玻璃完全破碎时，接收到广播消息“隐藏”，右舷窗隐藏

撞玻璃

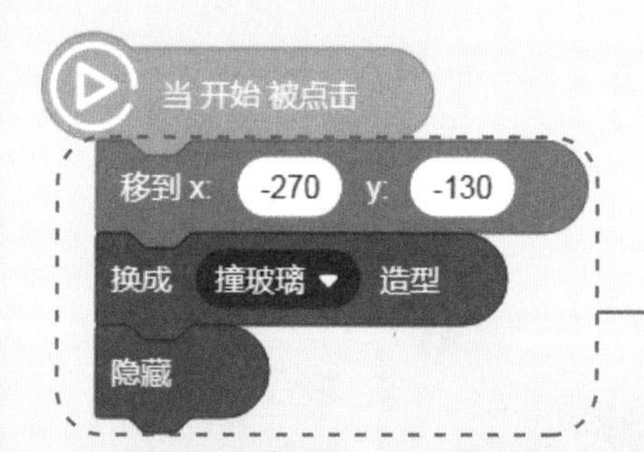

将玻璃移到舷窗位置，没被海豚撞击前隐藏

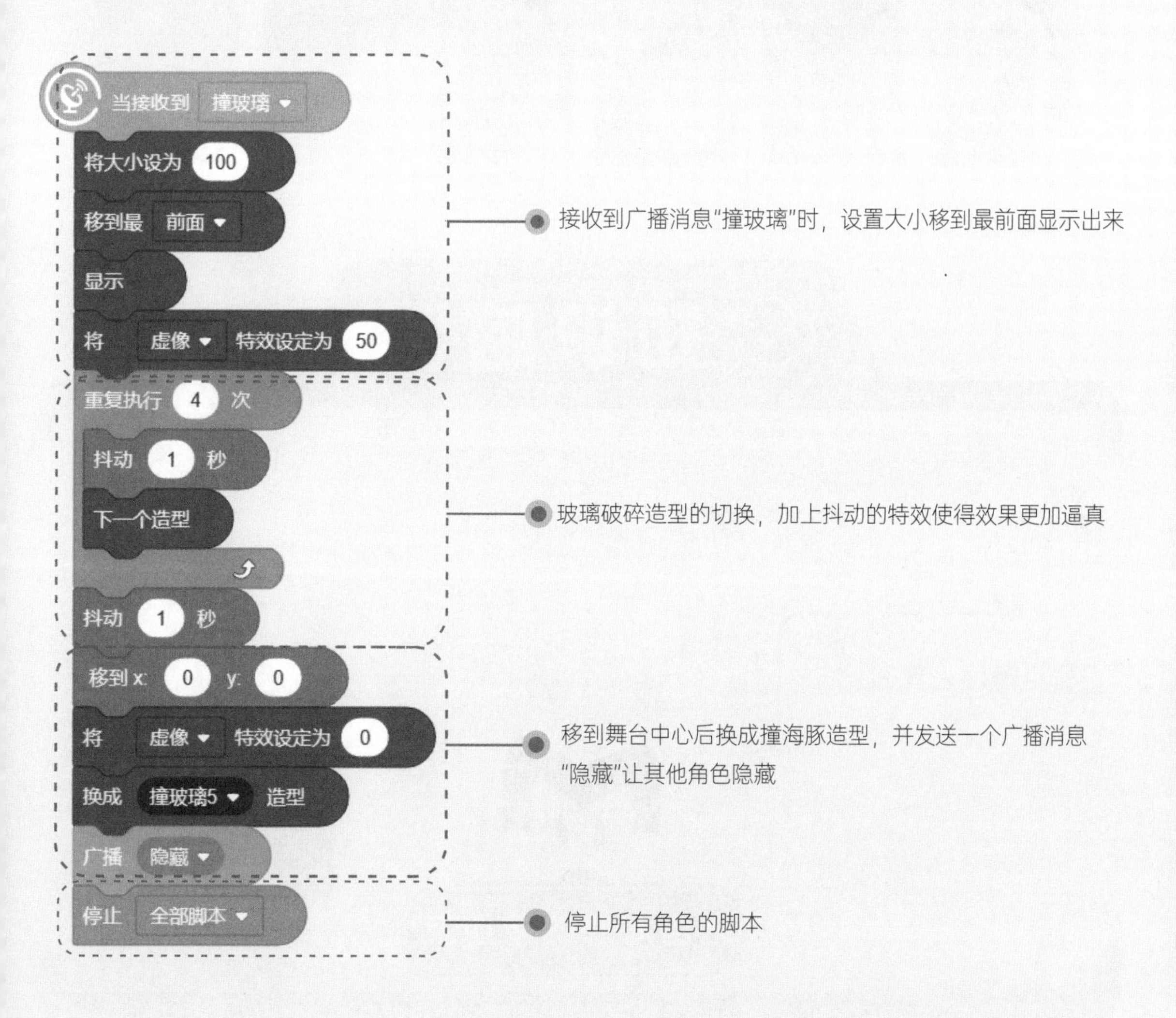

接收到广播消息"撞玻璃"时，设置大小移到最前面显示出来

玻璃破碎造型的切换，加上抖动的特效使得效果更加逼真

移到舞台中心后换成撞海豚造型，并发送一个广播消息"隐藏"让其他角色隐藏

停止所有角色的脚本

小岛主，你掌握上面的知识了吗？请将项目功能补充完整。

上3D特效，不管是日常生活中或电影里各种令人目眩的光影效果常常能给人留下深刻的印象。3D特效的应用能从视觉上给观众带来莫大的震撼力。

例如，大家日常接触到的3D游戏《我的世界》、3D电影《哪吒》等，下面是通过二维图片体现出3D效果的图。

知识脑图

让我们一起来梳理，看看小岛主的知识技能提升了多少。

来自海底的新朋友

1 利用图层呈现3D

2 呈现玻璃破碎效果

重复执行 4 次
抖动 1 秒
下一个造型

课后习题

1. 以下哪组脚本应用了动画原理（　　）

A.

```
当 开始 被点击
重复执行 10 次
    等待 0.3 秒
    下一个造型
```

B.

```
当 开始 被点击
重复执行 10 次
    等待 0.3 秒
    将大小增加 10
```

C.

```
当 开始 被点击
重复执行 10 次
    等待 0.3 秒
    将 颜色 特效增加 25
```

D.

```
当 开始 被点击
移到最 前面
换成 造型1 造型
```

2. **已知舞台上有10个角色，现在想要将最前面的角色移动到第5层，以下脚本正确的是哪 一项（　　）**

A.

B.

C.

D.

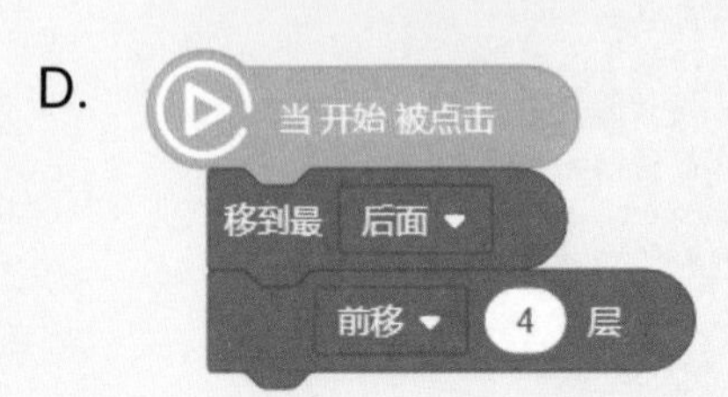

3. **编程实操：进入密码岛编程平台，登录账号完成课后训练。**

准备工作：

背景：

海里-横版

角色：

海豚

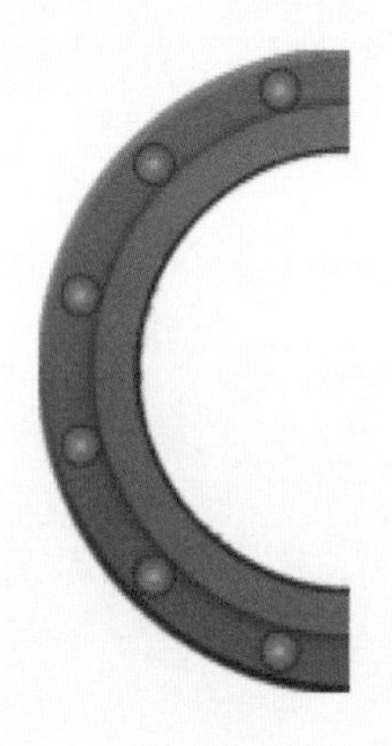

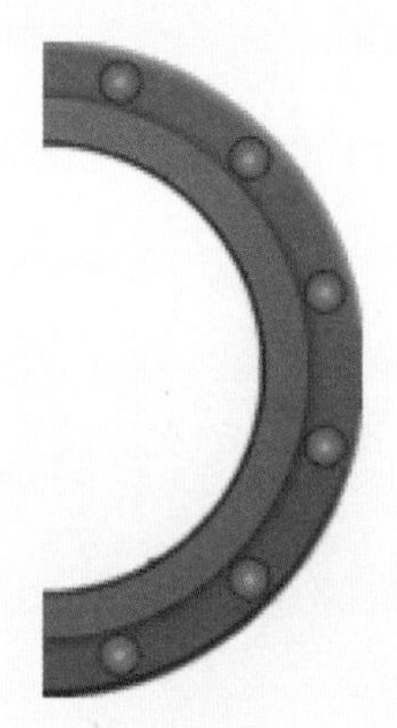

左舷窗

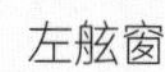

右舷窗

实现功能：

1.海豚从舞台右上方穿过舷窗来到舞台左下方；

2.海豚在游动的过程中实现近大远小的效果。